21世纪新概念
全能实战规划教材

U0184272

中文版

CorelDRAW

2020 基础 教程

凤凰高新教育◎编著

北京大学出版社
PEKING UNIVERSITY PRESS

内 容 简 介

CorelDRAW 是一款使用广泛且功能强大的图形设计软件,是平面设计与印刷工作中最常用的软件之一,在广告制作方面深受用户的喜爱。

本书系统并全面地讲解了 CorelDRAW 2020 图形处理与设计的相关功能与技能应用。内容包括 CorelDRAW 基础知识、对象的绘制与基本操作、不规则图形的绘制与编辑、对象的填充与轮廓线的使用、对象的编辑、特效工具的特效制作、文字的编排使用、位图的处理与滤镜效果、图形的打印与印刷等知识。本书第 10 章为商业案例实训,通过学习本章,读者可以提升 CorelDRAW 2020 图形处理与设计的综合实战技能水平。

全书内容安排由浅入深,语言写作通俗易懂,实例题材丰富多样,每个操作步骤的介绍都清晰准确。特别适合广大计算机培训学校作为相关专业的教材用书,同时也可作为广大 CorelDRAW 2020 初学者、设计爱好者的学习参考书。

图书在版编目(CIP)数据

中文版CorelDRAW 2020基础教程 / 凤凰高新教育编著. — 北京:北京大学出版社,2022.5
ISBN 978-7-301-32884-2

Ⅰ.①中… Ⅱ.①凤… Ⅲ.①图形软件 – 教材 Ⅳ.①TP391.413

中国版本图书馆CIP数据核字(2022)第032186号

书 名	中文版CorelDRAW 2020基础教程	
	ZHONGWENBAN CorelDRAW 2020 JICHU JIAOCHENG	
著作责任者	凤凰高新教育 编著	
责 任 编 辑	王继伟 吴秀川	
标 准 书 号	ISBN 978-7-301-32884-2	
出 版 发 行	北京大学出版社	
地 址	北京市海淀区成府路205号 100871	
网 址	http://www.pup.cn 新浪微博:@北京大学出版社	
电 子 信 箱	pup7@pup.cn	
电 话	邮购部 010-62752015 发行部 010-62750672 编辑部 010-62570390	
印 刷 者	三河市博文印刷有限公司	
经 销 者	新华书店	
	787毫米×1092毫米 16开本 20.75印张 499千字	
	2022年5月第1版 2022年5月第1次印刷	
印 数	1-4000册	
定 价	69.00元	

Preface 前言

　　CorelDRAW 是一款使用广泛且功能强大的图形设计软件，是平面设计与印刷工作中最常用的软件之一，在广告制作方面深受用户的喜爱。

本书内容介绍

　　本书以案例为引导，系统并全面地讲解了 CorelDRAW 2020 图形处理与设计的相关功能与技能应用。其内容包括 CorelDRAW 基础知识、对象的绘制与基本操作、不规则图形的绘制与编辑、对象的填充与轮廓线的使用、对象的编辑、特效工具的特效制作、文字的编排使用、位图的处理与滤镜效果、图形的打印与印刷等知识。本书的第 10 章是商业案例实训，通过学习本章，读者可以提升 CorelDRAW 2020 图形处理与设计的综合实战技能水平。

本书相关特色

　　全书内容安排由浅入深，语言写作通俗易懂，实例题材丰富多样，每个操作步骤的介绍都清晰准确，特别适合职业院校和计算机培训学校作为相关专业的教材用书，同时也可作为广大 CorelDRAW 2020 初学者、图像处理爱好者的学习参考用书。

内容全面，轻松易学

　　本书在写作方式上，采用"步骤讲述＋配图说明"的方式进行编写，操作简单明了，浅显易懂。图书附赠多媒体辅助教学资源，包括本书中所有案例的素材文件与最终效果文件。同时还配有与书中内容同步讲解的多媒体教学视频，读者可像看电视一样，轻松学会 CorelDRAW 2020 的图形处理与设计技能。

案例丰富，实用性强

　　本书安排了 29 个"课堂范例"，帮助初学者认识和掌握相关工具、命令的实战应用；安排了 25 个"课堂问答"，帮助初学者排解学习过程中的疑难问题；安排了 9 个"上机实战"和 9 个"同步训练"的综合例子，提升初学者的实战技能水平；前9章最后都安排有"知识能力测试"的习题，认真完成这些测试习题，可以帮助读者巩固所学的知识技能（提示：相关习题答案可以从网盘下载，方法参考后面的介绍）。

本书知识结构图

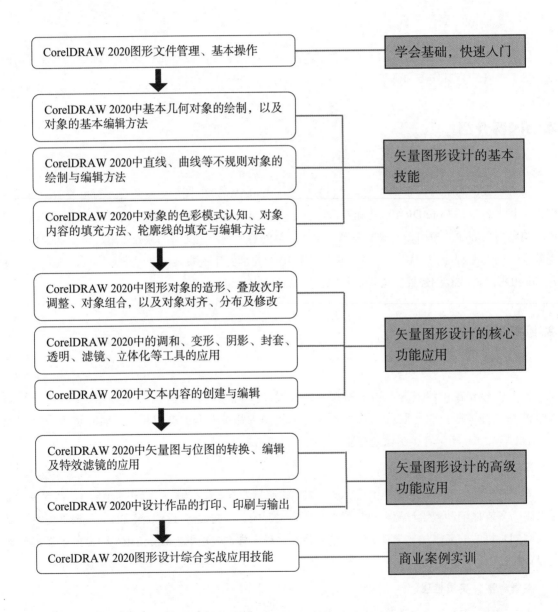

教学课时安排

本书综合了 CorelDRAW 2020 软件的功能应用，教学的参考课时（共 54 个课时）主要包括老师讲授 34 课时和学生上机实训 22 课时两部分，具体如下表所示。

章节内容	课时分配	
	老师讲授	学生上机实训
第 1 章 CorelDRAW 2020 基础知识	2	1
第 2 章 对象的绘制与基本操作	3	2
第 3 章 不规则图形的绘制与编辑	4	2
第 4 章 对象的填充与轮廓线的使用	3	2
第 5 章 对象的编辑	3	2
第 6 章 特效工具的使用	4	2
第 7 章 文字的编排使用	3	2
第 8 章 位图处理与位图滤镜特效	4	3
第 9 章 图形的打印与印刷	2	1
第 10 章 商业案例实训	6	5
合　计	34	22

相关资源说明

本书附赠相关的学习资源和教学视频，具体内容如下。

1. 素材文件

指本书中所有章节实例的素材文件。读者在学习时，可以参考图书讲解内容，打开对应的素材文件进行同步操作练习。

2. 结果文件

指本书中所有章节实例的最终效果文件。读者在学习时，可以打开结果文件，查看其实例效果，为自己在学习中的练习操作提供帮助。

3. 视频教学文件

本书为读者提供了长达 12 小时与书同步的视频教程。读者可以通过相关的视频播放软件打开每章的视频文件进行学习，并且每个视频都有语音讲解，非常适合无图形设计与处理基础的读者学习。

4. PPT 课件

本书为老师们提供了非常方便的 PPT 教学课件，方便老师教学使用。

5. 习题及答案

提供 3 套"知识与能力总复习题"，便于检测读者对本书内容的掌握情况。本书每章后面的"知识能力测试"及 3 套"知识与能力总复习题"的参考答案，可参考"下载资源"中的"习题答案汇总"文件。

6. 其他赠送资源

本书为了提高读者对软件的实际应用能力，综合整理了"设计软件在不同行业中的学习指导"，方便读者结合其他软件灵活掌握设计技巧、学以致用。同时，本书还赠送《高效能人士效率倍增手册》，帮助读者提高工作效率。

温馨提示：以上资源，请用手机微信扫描下方任意二维码关注公众号，根据提示获取下载地址及密码。

创作者说

本书由凤凰高新教育策划并组织编写，并由有近 20 年一线设计和教学经验的江奇志副教授参与编写并精心审定。在本书的编写过程中，我们竭尽所能地为您呈现最好、最全的实用功能，但仍难免有疏漏和不妥之处，敬请广大读者不吝指正。若您在学习过程中产生疑问或有任何建议，可以通过 E-mail 或 QQ 群与我们联系。

读者信箱：2751801073@qq.com

读者交流群：218192911（办公之家）、725510346（新精英充电站 -7 群）

Contents 目 录

第5章 对象的编辑

第6章 特效工具的使用

CorelDRAW
2020

CorelDRAW 是平面图形设计和印刷中常用的设计软件，具有非常强大的功能，是广大平面设计师经常使用的平面应用软件之一，在广告制作方面深受广大用户的欢迎。

学习目标

- 熟练掌握 CorelDRAW 的启动与退出
- 认识 CorelDRAW 的工作界面
- 熟练掌握管理图形文件的方法
- 熟练掌握页面设置与管理的方法
- 熟练掌握绘图辅助设置的方法
- 熟练掌握视图控制的方法

1.1 认识CorelDRAW 2020

CorelDRAW 是一款通用而且强大的图形设计软件，其丰富的内容环境和专业的平面设计功能，以及照片编辑和网页设计功能可以让创意有无限的可能性。

1.1.1 CorelDRAW 2020概述

CorelDRAW 是加拿大 Corel 公司推出的一款著名的矢量绘图软件，截至本书完成时最新版本为 CorelDRAW 2020。通过对绘图工具的不断完善和对图形处理功能的增强，CorelDRAW 由单一的矢量绘图软件发展成为现在的全能绘图软件包。

1.1.2 CorelDRAW 2020新增功能

1. 颠覆性的协作工具

可以与客户和同事进行前所未有的设计交流，在云端使用 CorelDRAW.app 邀请他们查看并直接在 CorelDRAW 设计文件上进行注释和评论。打开【窗口】→【泊坞窗】→【注释】，也可进行评论和批注，如图 1-1 所示。

图 1-1　注释反馈

2. 可变字体支持，让排版更有设计感

全新的排版技术和增强版的核心键入工具实现精美排版。

- 通过可变字体支持微调字体。拖动滑块可以调整字体列表名称的大小，且可以直接在字体列表下面预览字体效果，如图 1-2 所示。

- 使用全新的编号列表和增强版项目符号列表,轻松设置段落格式,如图 1-3 所示。
- 享受 Web 和桌面之间无缝衔接的文本工作流程。

图 1-2 微调字体

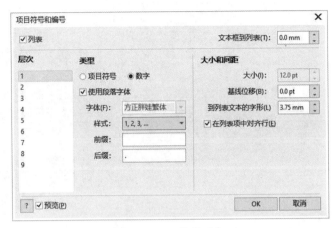

图 1-3 项目符号列表

3. 全新图像优化技术

全新 AI 驱动的 PowerTRACE,让位图转矢量图跟踪结果更加出色。利用先进的图像优化技术,可以提高描摹时的位图质量,如图 1-4 所示。

图 1-4 PowerTRACE 对话框

4. 智能图像优化

利用人工智能放大图像而不失细节，能消除高度压缩 JPEG 图像产生的噪点，如图 1-5 所示。

图 1-5　AI 图像增强技术

5. 性能大幅提升

使用明显更快、响应更灵敏的应用程序套件，可以更高效地工作并获得更好的结果。速度比上一版本提升数倍，让用户在更短的时间内完成从概念到设计制作的整个过程。

另外，CorelDRAW 2020 还增强了"查找和替换""对齐和分布"及阴影效果等功能。

1.1.3　CorelDRAW 2020应用领域

CorelDRAW 广泛应用于矢量动画、网站页面设计、广告设计、画册设计、排版等领域，如图 1-6 至图 1-9 所示。

图 1-6　矢量动画

图 1-7　产品设计

图 1-8　广告设计

图 1-9　排版设计

1.2 CorelDRAW的工作界面

启动 CorelDRAW 后，单击【新建图形】按钮，即可进入工作界面。

此工作界面主要包含标题栏、菜单栏、标准栏、选项栏、工具箱、状态栏、页面控制栏、调色板、标尺及状态栏等内容，如图 1-10 所示。

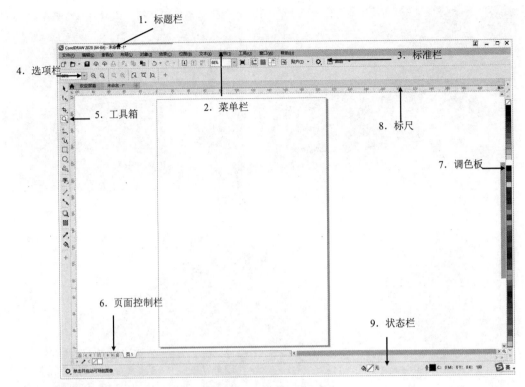

图 1-10 CorelDRAW 工作界面

下面简要介绍工作界面的主要内容。

1.2.1 标题栏

同所有的 Windows 应用程序一样，标题栏位于整个窗口的顶部，显示应用程序名称和当前文件名。标题栏右侧的按钮包括窗口最小化、窗口最大化和关闭窗口三个按钮，用于控制文件窗口的显示大小。

1.2.2 菜单栏

菜单栏又叫作下拉式菜单，它包含了 CorelDRAW 的大部分命令。用户可以直接通过此菜单选项选择所要执行的命令。

当光标指向主菜单某项后，该标题变亮，即可选中此项，并显示相应的下拉菜单。在下拉菜单上下移动光标，当要选择的菜单项变亮后，单击鼠标即可执行此菜单项的命令。如果菜单项右边有【…】符号，执行此项后将弹出与之有关的对话框；如果菜单项右边有 ▶ 按钮，则表示还有下一级子菜单，如图 1-11 所示。

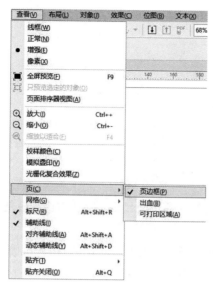

图 1-11　下拉菜单

1.2.3　标准栏

　　标准栏集合了一些常用的功能命令，用户只需要将光标放在某个按钮上，然后单击鼠标即可执行相关命令。通过标准栏的操作，可以大大简化操作步骤，从而提高工作效率。

1.2.4　选项栏

　　选项栏提供了控制对象属性的选项，其内容根据所选择的工具或对象的不同而变化，它显示对象或工具的有关信息及可进行的编辑操作等。

1.2.5　工具箱

　　工具箱默认位置在软件界面的最左侧，包含 CorelDRAW 的所有绘图命令，其中每一个按钮都代表一个命令，只需将光标放在某个按钮上，然后单击鼠标即可执行相关命令。其中有些工具按钮右下角显示有黑色的小三角，则表示该工具包含有子工具组，单击黑色小三角，即可弹出子工具栏。

1.2.6　页面控制栏

　　CorelDRAW 可以在一个文档中创建多个页面，并通过页面控制栏查看每个页面的情况。用鼠标右击页面控制栏，会弹出如图 1-12 所示的快捷菜单，选择相应的命令可以增加或删除页面。

图 1-12　页面控制栏

1.2.7　调色板

调色板位于窗口的右边缘，默认呈单列显示，默认的调色板是根据四色印刷 CMYK 模式的色彩比例设定的。

使用调色板时，在选取对象的前提下单击调色板上的颜色可以为对象填充颜色；右击调色板上的颜色可以为对象添加轮廓线颜色。如果在调色板中的某种颜色上单击并等待几秒钟，CorelDRAW 将显示一组与该颜色相近的颜色，用户可以从中选择更多的颜色。

> **技能拓展**
>
> 在调色板上方的☒按钮上单击，可以删除选取对象的填色，在调色板上方的☒按钮上右击，可以删除选取对象的外轮廓。

1.2.8　标尺

执行【查看】→【标尺】命令，可以显示标尺。标尺可以帮助确定图形的位置。它由水平标尺、垂直标尺和原点设置三部分组成。在标尺上单击，按住鼠标左键的同时拖动鼠标到绘图工作区，即可拖出辅助线。

1.2.9　状态栏

状态栏位于窗口的底部，分为两部分，左侧显示光标所在屏幕位置的坐标，右侧显示所选对象的填充色、轮廓线颜色和宽度，并随着选择对象的填充和轮廓属性动态变化。执行【窗口】→【工具栏】→【状态栏】命令，可以关闭状态栏。

1.3　图形设计中的基本概念

在认识 CorelDRAW 窗口后，用户必须掌握图形绘制与设计中的一些重要基本概念：矢量图与位图、常用文件格式、常用色彩模式等相关知识。

1.3.1　矢量图与位图

1. 矢量图

矢量图形又称为向量图形。矢量图形是由精确定义的直线和曲线组成，这些直线和曲线称为向量。矢量图像的最大优点是分辨率独立，无论怎么样放大和缩小都不会使图像失去光滑感，在打印输出时会自动适应打印设备的最高分辨率。图 1-13 所示为一幅矢量图图像和对其局部进行放大后的效果。

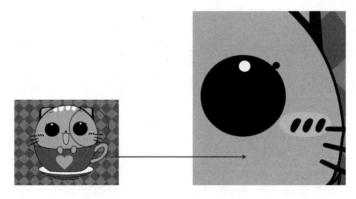

图 1-13　矢量图放大

2. 位图

位图又叫点阵图或像素图，计算机屏幕上的图像是由屏幕上的发光点（像素）构成的，这些点是离散的，类似于矩阵。多个像素的色彩组合就形成了图像，称之为位图。

位图在放大到一定限度时会发现它是由一个个小方格组成的，这些小方格被称作像素点，一个像素是图像中最小的图像元素，在处理位图图像时，所编辑的是像素而不是对象或形状，它的大小和质量取决于图像中像素点的多少，单位面积所含像素越多，图像越清晰，颜色之间的混合也越平滑，计算机存储位图图像实际上是存储图像的各个像素的位置和颜色数据等信息，所以图像越清晰，像素越多，相应的存储容量也越大。

位图图像表现力强、细腻、层次多、细节多，但是对图像进行放大时，图像会变模糊。图 1-14 所示为一幅位图图像和对其局部进行放大后的效果。

图 1-14　位图放大

1.3.2 常用文件格式

CorelDRAW 支持 JPEG、TIFF、GIF、BMP 等多种图像格式，导出图像时可以在【打开】或【保存为】对话框中的【保存类型】下拉列表框中选择所需的文件格式，如图 1-15 所示。下面我们介绍其中几种常用文件格式的使用。

图 1-15 导出文件对话框

1. JPEG 格式

JPEG 是平时最常用的图像格式，大多数图形处理软件均支持该格式。如果对图像质量要求不高，又要存储大量图片，可以使用 JPEG 格式。但是对于要求进行图像输出打印的，最好不使用 JPEG 格式，因为使用 JPEG 格式保存的图像经过高倍率的压缩，可以使图像文件占用储存空间变小，同时也会丢失部分数据，成像质量低。

2. BMP 格式

BMP 格式是一种标准的点阵式图像文件格式。BMP 格式采用了一种叫 RLE 的无损压缩格式，对图像质量不会产生什么影响，这种格式被大多数软件所支持，也可以在 PC 和 Macintosh 机上通用。

3. GIF 格式

GIF 是输出图像到网页常用的一种格式，它可以支持动画。GIF 格式可以用 LZW 压缩，从而使文件占用较小的空间。如果使用 GIF 格式，一定要转换为索引模式，使用色彩数目转为256或更少。

4. PNG 格式

PNG 格式是专门为 Web 创造的，是一种将图像压缩到 Web 上的文件格式。和 GIF 格式不同的是，PNG 格式支持 24 位图像，不仅限于 256 色。

1.3.3　常用色彩模式

色彩模式是色彩被呈现的具体形式，计算机中的色彩在呈现的时候有多种不同的呈现方式，即色彩模式。在 CorelDRAW 2020 中打开【编辑填充】对话框，在【色彩模型】下拉列表中可以选择不同的色彩模式，如图 1-16 所示。常用的色彩模式有 RGB 模式、CMYK 模式、HSB 模式及 Lab模式等。

图 1-16　模式下拉列表

1. CMYK 模式

CMYK 是一种减色模式，CMYK 分别代表青色 Cyan、品红 Magenta、黄色 Yellow 和黑色Black。CMYK 模式是最佳的打印模式，RGB 模式尽管色彩多，但不能完全打印出来。

2. RGB 模式

RGB 模式是基于自然界中 3 种基色光的混合原理，将红（R）、绿（G）和蓝（B）3 种基色按照从 0（黑）到 255（白色）的亮度值在每个色阶中分配，从而指定其色彩。因为 3 种颜色每一种都有 256 个亮度水平级，所以当不同亮度的基色混合后，便会产生形成 1670 万种颜色。RGB 模式是最常见的色彩模式之一，它在生活中被广泛应用，电视机和计算机的显示器都是基于 RGB 颜色模式来创建其颜色的。

CMYK 模式在本质上与 RGB 模式没有什么区别，只是产生色彩的原理不同，在 RGB 模式中由光源发出的色光混合生成颜色，而在 CMYK 模式中由光线照到有不同比例 C、M、Y、K 油墨的纸上，部分光谱被吸收后，反射到人眼的光产生颜色。

3. HSB 模式

HSB 模式是基于人眼对色彩的观察来定义的，在此模式中，所有的颜色都用色相（色调）、饱和度、亮度三个特性来描述。色相是指我们所看到的事物的颜色；饱和度也叫纯度，即颜色的鲜艳度；亮度是颜色明暗的相对关系，范围为 0~100（由黑到白）。

4. Lab 模式

Lab 模式的原型是由国际照明委员会协会在 1931 年制定的一个衡量颜色的标准，1976 年被重新定义并命名为 CIELab。此模式解决了由于不同的显示器和打印设备所造成的颜色赋值的差异，即是说它不依赖于设备。

Lab 模式由三个通道组成，一个通道是亮度，即 L。另外两个是色彩通道，用 a 和 b 来表示。a 通道的颜色是从深绿（低亮度值）到灰（中亮度值），再到亮粉红色（高亮度值）；b 通道则是从亮蓝色（低亮度值）到灰（中亮度值），再到焦黄色（高亮度值）。在处理图像时，如果我们只需要处理图像的亮度，而又不想影响到它的色彩，就可以使用 Lab 模式，只在 L 通道中进行处理。

5. 灰度模式（Grayscale）

灰度模式的图像中没有颜色信息，只有亮度信息，由 0~255 共 256 级灰阶组成。它与黑白模式不同的是，黑白模式只有黑白两种色质。

1.4 管理图形文件

图形文件管理包括文件的新建、保存、打开、关闭及导入、导出等。

1.4.1 新建文件

新建文件的方法如下。

方法 1：执行【文件】→【新建】命令或单击选项栏中的【新建】按钮 ，即可新建一个文件页面。

方法 2：如果是启动 CorelDRAW，可以依次单击【欢迎窗口】→【立即开始】→【新文档】按钮来新建文件，如图 1-17 所示。系统默认新建的页面为 A4 页面的大小，新建文件后，页面窗口如图 1-18 所示。

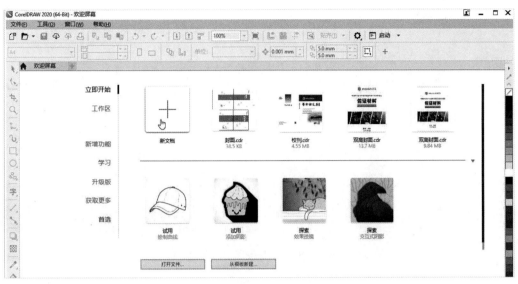

图 1-17　单击【新文档】图标

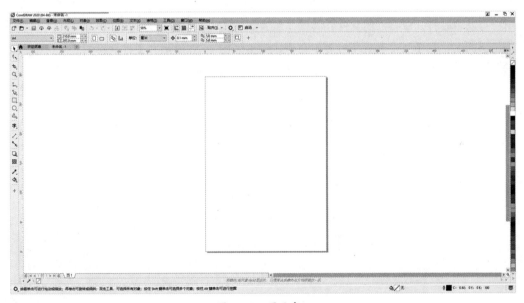

图 1-18　页面窗口

1.4.2　保存文件

使用【另存为】命令可以保存绘制的图形，其操作步骤如下。

步骤 01　执行【文件】→【另存为】命令或按【Ctrl+S】快捷键，打开【保存绘图】对话框，如图 1-19 所示。

步骤 02　在【保存绘图】对话框中输入文件名，然后选择存储路径。

步骤 03　单击【保存】按钮，就可以将图形文件存储。

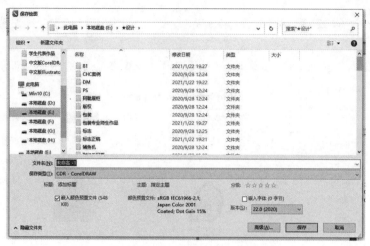

图 1-19 【保存绘图】对话框

1.4.3 打开文件

用户可以随时打开保存后的文件，其操作步骤如下。

步骤 01　执行【文件】→【打开】命令，弹出如图 1-20 所示的【打开绘图】对话框。

步骤 02　选择需要打开的文件，单击【打开】按钮，即可打开选择的图形文件。

图 1-20 【打开绘图】对话框

1.4.4 导入文件

用户可以在正在编辑的文件中导入需要的文件，其操作步骤如下。

步骤 01　执行【文件】→【导入】命令，打开【导入】对话框，选择需要的图形文件，如图 1-21 所示。

图 1-21　选择要导入的文件

步骤 02　单击【导入】按钮，此时鼠标光标在页面中的形状如图 1-22 所示，在页面上单击鼠标即可将文件导入到页面，如图 1-23 所示。

图 1-22　工作区

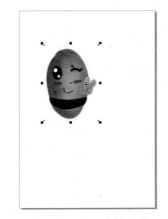

图 1-23　导入素材图片

温馨
提示

也可以在文件夹中选中文件，直接将文件拖到 CorelDRAW 中。

1.4.5　导出文件

使用【导出】命令可以将绘制图形导出为用户需要的文件格式，其操作步骤如下。

步骤 01　执行【文件】→【导出】命令或单击标准工具栏上的【导出】按钮，打开【导出】对话框，如图 1-24 所示。

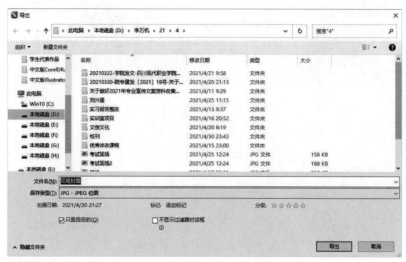

图 1-24 【导出】对话框

步骤 02 输入文件名，选择要导出的保存类型。

步骤 03 单击【导出】按钮，在打开的相应对话框中设置好相关参数后，单击【确定】按钮就可完成文件的导出。

1.4.6 关闭文件

关闭文件有下面两种方法。

方法 1：执行【文件】→【关闭】命令。

方法 2：单击文件窗口右侧的【关闭】按钮 ✕ 。

技能拓展

如果关闭前未对文件进行保存，系统会弹出命令提示框，如图 1-25 所示。单击【是】按钮，修改后的图形会把已经储存过的图形文件覆盖，直接进行保存。如果不保存，则单击【否】按钮。

图 1-25 命令提示框

课堂范例——将设计作品导出为 JPG 格式

步骤 01 执行【文件】→【导出】命令或按【Ctrl+E】快捷键，打开【导出】对话框，在【保存类型】中选择【JPG】格式，如图 1-26 所示。

图 1-26 【导出】对话框

步骤 02 单击【导出】按钮，打开图 1-27 所示的【导出到 JPEG】对话框，再单击【确定】按钮，即可将文件导出为【JPG】格式，如图 1-28 所示。

图 1-27 查看 JPG 图片

图 1-28 【导出到 JPG】对话框

1.5 页面设置与管理

页面管理包括设置页面、插入页面、删除页面、定位页面等。

1.5.1 设置页面

CorelDRAW 默认的页面为 A4 页面，单击选项栏上【纵向】按钮或【横向】按钮，可以改变纸张的方向。

在 CorelDRAW 中用户可以任意设置页面的大小，设置页面大小的几种方法如下。

方法 1：在选项栏的【纸张类型大小】下拉框中可选择纸张类型，如图 1-29 所示。

方法 2：执行【工具】→【选项】→【CorelDRAW】→【选项】命令，单击【文档】按钮□，单击【页面尺寸】选项，打开如图 1-30 所示的【选项】对话框，在对话框中对绘画页面的选项进行设定。

图 1-29　【纸张类型 / 大小】列表　　　　　　　　　图 1-30　【选项】对话框

方法 3：直接在选项栏中【纸张宽度和高度】的文本框输入数值，确定纸张的尺寸，如输入宽度为 200mm、高度为 200mm，如图 1-31 所示，此时页面效果如图 1-32 所示。

图 1-31　自定义纸张宽度和高度　　　　　　　　　图 1-32　自定义纸张效果

1.5.2　插入页面

在 CorelDRAW 文件中可以插入多个页面，插入页面的几种方法如下。

方法 1：执行【布局】→【插入页】命令，打开如图 1-33 所示的【插入页面】对话框。在【插入页面】对话框中直接输入要插入的页数，或单击【页码数】右侧的上下按钮设置页数，设置后单击【OK】按钮，即可插入页面。

方法 2：在状态栏页面标签上单击鼠标右键，在弹出的快捷菜单中选择【在后面插入页面】命令或【在前面插入页面】命令，也可以插入页面，如图 1-34 所示。

图 1-33　【插入页面】对话框

图 1-34　状态栏右键快捷菜单

1.5.3　定位页面

在 CorelDRAW 中可以在多个页面间切换，如果文档中的页数太多，就可以定位页面，直接找到所需的页面，其操作步骤如下。

步骤 01　执行【布局】→【转到某页】命令，打开【转到某页】对话框。

步骤 02　在【转到某页】对话框中输入要定位的页面，比如转到第 3 页，如图 1-35 所示。

图 1-35　【定位页面】对话框

步骤 03　单击【OK】按钮，即可直接定位页面。

1.5.4　重命名页面

在状态栏要重命名的页面标签上单击鼠标右键，在弹出的菜单中选择【重命名页面】命令，如图 1-36 所示。打开【重命名页面】对话框，输入新的名称，单击【确定】按钮，如图 1-37 所示。

图 1-36　在弹出的菜单中执行【重命名页面】命令

图 1-37　【重命名页面】对话框

状态栏中显示新的名称，如图 1-38 所示。

图 1-38　状态栏中显示新的名称

课堂范例——删除页面

在 CorelDRAW 中可以删除不需要的页面，删除页面的操作步骤如下。

步骤 01　执行【布局】→【删除页面】命令，打开如图 1-39 所示的【删除页面】对话框。

步骤 02　在【删除页面】文本框中设置删除页面的序号，如"4"表示删除第 4 页，单击【OK】按钮即可。

图 1-39　【删除页面】对话框

技能拓展

在状态栏要删除的页面标签上右击鼠标，在弹出的菜单中选择【删除页面】命令，也可删除页面，如图 1-40 所示。

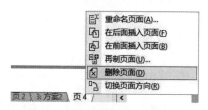

图 1-40　右键快捷菜单删除页面

1.6　绘图辅助设置

CorelDRAW 除了有强大的绘图功能以外，还有许多的辅助设置。用户可以根据实际需要对页面进行设置，使创作工作更加得心应手。

1.6.1 设置辅助线

标尺可以协助设计者确定物件的大小或设定精确的位置。它由水平标尺、垂直标尺和原点设置三个部分组成。将光标放到标尺上，按住鼠标左键向工作区拖动，即可拖出辅助线。从水平标尺上可拖出水平辅助线，从垂直标尺上可拖出垂直辅助线，如图 1-41 所示。

双击辅助线，打开如图 1-42 所示的【辅助线】对话框，在此对话框中可以设置辅助线的角度、位置、单位等属性，还可以在精确的坐标位置处添加或删除辅助线。

图 1-41 添加辅助线

图 1-42 【辅助线】对话框

选中辅助线，再在辅助线上单击鼠标，辅助线两端会出现双箭头 ，如图 1-43 所示。拖动箭头，即可对辅助线进行自由的旋转，如图 1-44 所示，在选项栏中可以观察到旋转的角度。还可以选中辅助线的中心点，将它移到其他位置，改变辅助线旋转时中心点的位置。

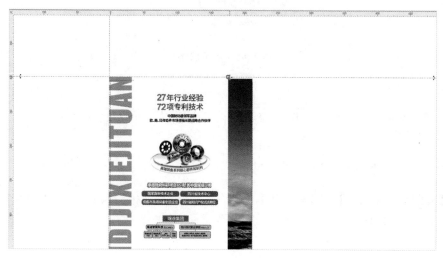

图 1-43 出现双箭头

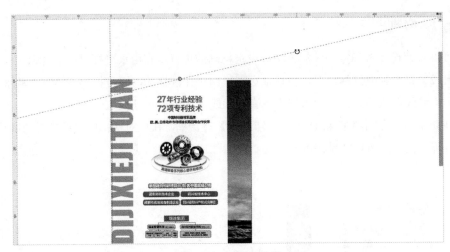

图 1-44　旋转辅助线

1.6.2　设置网格

网格的功能和辅助线一样，适用于更严格的定位需求和更精细的制图标准，如进行标志设计，网格尤其重要。用户可执行【查看】→【网格】→【文档网格】命令，显示网格，如图 1-45 所示。

图 1-45　显示网格

温馨
提示　如果不需要显示网格，则可以再次执行【查看】→【网格】→【文档网格】命令即可。

课堂范例——使对象贴齐辅助线和对象

执行【视图】→【贴齐】→【辅助线】命令，选中对象，如图 1-46 所示。将对象移到辅助线上即可将对象贴齐辅助线，如图 1-47 所示。

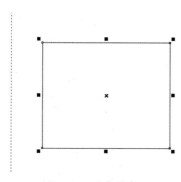

图 1-46　选中对象

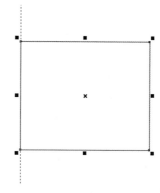

图 1-47　贴齐辅助线

下面介绍对齐左边矩形的右下角和右边矩形的左上角的方法，执行【查看】→【贴齐】→【对象】命令，选中右边矩形的左上角的点，如图 1-48 所示。将其拖到左边矩形的右下角的点上，即可对齐两个点，如图 1-49 所示。

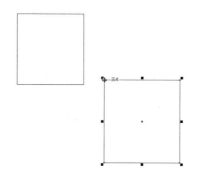

图 1-48　选中右边矩形的左上角的点

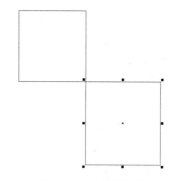

图 1-49　对齐两个点

1.7　视图控制

视图控制包括设置缩放比例、设置视图的显示模式、设置预览显示方式等。

1.7.1　设置缩放比例

利用工具箱中【缩放工具】🔍及其选项栏可以改变视窗的显示比例。图 1-50 为缩放工具所对应的选项栏，缩放工具栏上工具按钮从左到右依次分别为【缩放级别列表】、【放大】、【缩小】（或按【F3】键）、【缩放选定对象】、【缩放到全部对象】（或按【F4】键）、【按页面显示】、【页面宽度显示】和【按页面高度显示】。

CorelDRAW 的工作区可以按任意的比例显示，其操作方法如下。

方法 1：在【缩放工具】🔍的选项栏上单击缩放级别下拉箭头，在下拉列表中选择缩放的比例，如图 1-51 所示。

图 1-50　选项栏

图 1-51　下拉列表

方法 2 ：也可以在缩放级别对话框中直接输入数值，图 1-52 和图 1-53 所示分别为缩放比例为 25% 和 50% 时的效果。

图 1-52　比例为 25% 的效果

图 1-53　比例为 50% 的效果

1.7.2　设置视图的显示模式

在 CorelDRAW 中，为了快速浏览或是提高运行速度，可以以不同的方式查看当前图形效果。

在【查看】菜单的子菜单中有【线框】【像素】【正常】【增强】等几种模式，如图 1-54 所示。图 1-55、图 1-56 所示为两种不同显示模式下的显示效果。

图 1-54　查看模式设置

图 1-55　线框模式

图 1-56　增强模式

1.7.3　设置预览显示方式

CorelDRAW 提供了【全屏预览】【全屏预览选定对象】和【页面排序器视图】三种预览显示方式。

- 【全屏预览】：执行【查看】→【全屏预览】命令，或按【F9】快捷键，可以将绘制的图形整屏显示在屏幕上，如图 1-57 所示。
- 【全屏预览选定对象】：选中想预览的对象，如图 1-58 所示。执行【查看】→【只预览选定的对象】命令，此时会整屏显示选中的对象。

图 1-57　全屏预览

图 1-58　选定对象全屏预览

- 【页面排序器视图】：如果在 CorelDRAW 文档中有多个页面，执行【查看】→【页面排序器视图】命令，可将多个页面同时显示出来，如图 1-59 所示。

图 1-59　页面排序器视图

课堂范例——显示和隐藏工具箱

在菜单栏、选项栏、标准栏任一栏的空白处右击鼠标，在弹出的快捷菜单中选择【工具箱】，如图 1-60 所示，即可隐藏工具箱，如图 1-61 所示。若想显示工具箱，执行相同的操作即可。

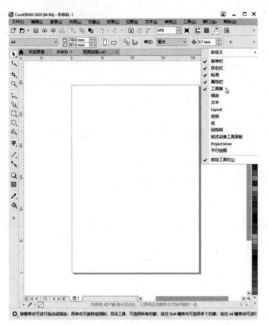

图 1-60　在弹出的快捷菜单中选择【工具箱】　　　　图 1-61　隐藏工具箱

课堂问答

在学习了本章 CorelDRAW 的基础知识后，还有哪些需要掌握的难点知识呢？下面将为读者讲解本章的疑难问题。

问题 1：CDR 和 JPG 格式有什么区别？

答：JPG 是位图格式，不能进行矢量编辑。CDR 格式是 CorelDRAW 的源文件格式，是矢量图格式，可以在软件中进行移动、填色等矢量编辑。

问题 2：CorelDRAW 中低版本如何打开高版本文件？

答：CorelDRAW 中低版本不能打开高版本文件，若要打开，需要进行如下操作。执行【文件】→【另存为】命令，打开【保存绘图】对话框，在【版本】列表选择低版本，如图 1-62 所示，单击【保存】按钮，即可在所选版本以下的低版本软件中打开高版本文件。

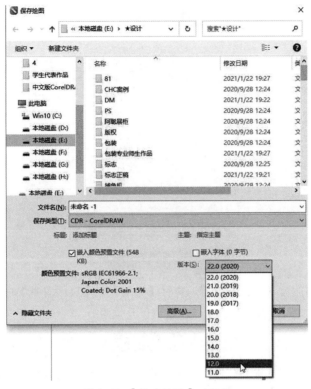

图 1-62　【保存绘图】对话框

问题 3：如何切换和排列文件？

答：在窗口菜单中选择对应的文件或按【Ctrl+Tab】快捷键，即可在多个文件间切换。单击【窗口】菜单，在弹出的菜单中有层叠、水平平铺、垂直平铺等多种排列文件的方式，如图 1-63 所示。

图 1-63　【窗口】菜单

上机实战——改变页面的背景颜色

为了让读者能巩固本章知识点，下面讲解一个技能综合案例，使大家对本章的知识有更深入的了解。

效果展示

思路分析

本例介绍改变页面的背景颜色的方法，执行【布局】→【页面背景】命令，在打开的【选项】对话框中执行相应操作即可，背景可以是纯色也可以是位图。

制作步骤

步骤01　页面默认的背景为白色，如图 1-64 所示。执行【布局】→【页面背景】命令，打开【选项】对话框，如图 1-65 所示。

图 1-64　默认的背景为白色

图 1-65　【选项】对话框

步骤02　选中【纯色】单选按钮，选择颜色，如图 1-66 所示，单击【OK】按钮，即可改变背景颜色，如图 1-67 所示。

图 1-66 选择颜色

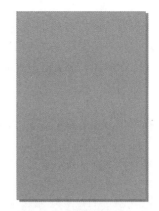

图 1-67 改变背景颜色

🌐 同步训练——自定义工具快捷键

为了增强读者动手能力，下面安排一个同步训练案例，让读者达到举一反三、触类旁通的学习效果。

图解流程

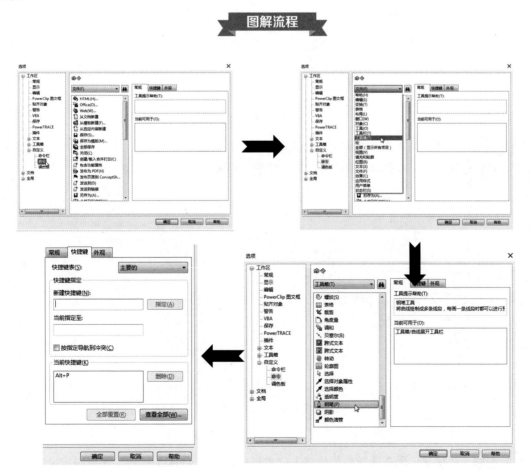

在工具箱中，有的工具没有快捷键，本例介绍自定义工具快捷键，可以自定义常用的工具，以便于操作。执行【工具】→【自定义】命令，再进行相应的操作即可。

步骤 01　执行【工具】→【选项】→【自定义】命令，在弹出的【选项】对话框中单击【命令】，在【文件】下拉列表中选择【工具箱】，如图 1-68 所示。

图 1-68　选择【工具箱】

步骤 02　在【工具箱】下拉列表中选择【钢笔】，如图 1-69 所示。单击右侧的【快捷键】选项卡，在新建快捷键文本框输入快捷键，单击【指定】按钮，如图 1-70 所示。

图 1-69　选择【钢笔】

图 1-70　单击【指定】按钮

步骤 03　快捷键出现在【当前快捷键】文本框中，单击【OK】按钮，快捷键定义成功，在工具箱中可以查看到指定的快捷键，如图 1-71 所示。

图 1-71　查看快捷键

知识能力测试

本章介绍了 CorelDRAW 的基础知识和基本操作，为对知识进行巩固和考核，下面布置相应的练习题。

一、填空题

1. 在 CorelDRAW 中标尺由 _____、_____、_____ 组成。

2. 在 CorelDRAW 中，按 _____ 键，将对象移动到下面一层；按 _____ 键，将对象移动到上面一层；按 _____ 键，将对象移动到最下面一层；按 _____ 键，将对象移动到最上面一层。

3. 最佳打印色彩模式是 _____，不依赖于设备的色彩模式是 _____。

二、选择题

1. 下列哪个格式支持动画？（　　　）

A. CDR　　　　　　　B. GIF　　　　　　　C. JPEG　　　　　　D. BMP

2. 全屏预览的快捷键是（　　　）。

A. F8　　　　　　　　B. F9　　　　　　　　C. F10　　　　　　　D. F4

3. 以下哪个不是 CorelDRAW2020 的应用领域？（　　　）

A. 绘制矢量图　　　B. 制作三维动画　　　C. 排版设计　　　D. 广告设计

三、简答题

1. CorelDRAW 2020 主要有哪些新功能？

2. 在 CorelDRAW 2020 中，如何将调色板显示出来？

CorelDRAW
2020

第2章
对象的绘制与基本操作

CorelDRAW 中有多种绘制图形的工具，包括绘制矩形、椭圆形、多边形、螺纹形等，在绘制好图形后，还需要对图形进行选择、旋转、镜像等操作。本章将介绍对象的绘制与基本操作。

学习目标

- 学会创建几何对象
- 熟练掌握调整对象大小的操作
- 熟练掌握旋转对象的操作
- 熟练掌握倾斜对象的操作
- 熟练掌握复制对象的操作
- 熟练掌握镜像对象的操作

创建几何对象

工具箱中有多种绘制几何图形的工具，利用它们可以方便快捷地绘制出规则的几何图形，图形的属性也可以在选项栏中修改。下面就介绍工具箱中提供的几何图形工具的用法。

2.1.1 绘制矩形

单击工具箱中的【矩形工具】按钮▢，在工作区中按住鼠标左键并拖动，确定大小后，释放鼠标，即可完成矩形的绘制。

用户可以通过【矩形工具】选项栏改变其位置与大小等。在【对象大小】 ↔79.396 mm ⟂50.725 mm 文本框中可以设置矩形的大小，图 2-1 所示为在 A4 页面上设置不同大小的矩形。

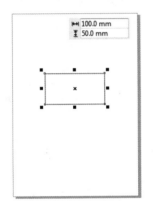
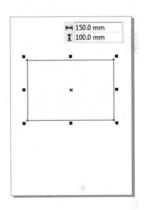

图 2-1　不同大小的矩形

在【对象位置】 ↔150.0 mm ⟂100.0 mm 文本框中可以设置矩形的位置，图 2-2 所示为在 A4 页面上设置不同位置的矩形，坐标位置为矩形的中心点。

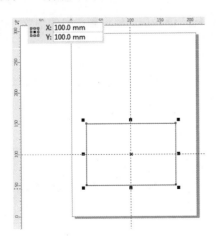
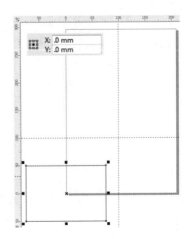

图 2-2　不同位置的矩形

单击选项栏中【圆角】按钮◻，在选项栏【转角半径】文本框中输入半径值 50mm，拖动鼠标可以绘制圆角矩形，如图 2-3 所示。

图 2-3　绘制圆角矩形

单击选项栏中【扇形角】按钮◻，可以绘制扇形角，如图 2-4 所示。单击选项栏中【倒棱角】按钮◻，可以绘制倒棱角矩形，如图 2-5 所示。

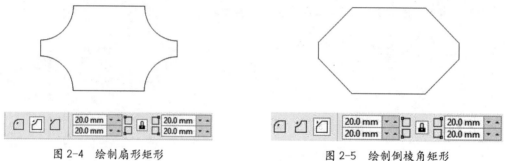

图 2-4　绘制扇形矩形　　　　　　　　　　　　图 2-5　绘制倒棱角矩形

技能拓展

在绘制出矩形后，选择【形状工具】，选中矩形边角上的一个节点并按住鼠标左键拖动，矩形将变成有弧度的圆角矩形。同时也可以通过选项栏中的参数设置绘制圆角矩形。

2.1.2　绘制椭圆

单击工具箱中的【椭圆工具】◯，在工作区中按住鼠标左键并拖动鼠标到需要的位置，确定大小后，释放鼠标，即可完成椭圆的绘制，如图 2-6 所示。

图 2-6　绘制椭圆

　绘制椭圆的同时，按住【Ctrl】键再拖动鼠标，可以绘制正圆；按住【Shift】键，则可以绘制以起点为中心的椭圆；同时按下【Ctrl+Shift】快捷键，可以绘制以起点为中心的正圆（完成绘制后要先释放鼠标左键，再释放【Ctrl】键和【Shift】键）。正方形、正多边形等的绘制的方法一样。

2.1.3　绘制多边形和星形

使用工具箱中的【多边形工具】○可以绘制多边形和星形。

1. 绘制多边形

使用【多边形工具】○可在页面中绘制多边形，具体操作的方法如下。

步骤 01　单击工具箱中的【多边形工具】按钮○，在选项栏中设置多边形的边数为 5，如图 2-7 所示。

步骤 02　在工作区按住鼠标左键并拖动绘制出多边形，释放鼠标即可完成多边形的绘制，如图 2-8 所示。

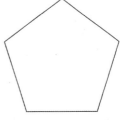

图 2-7　多边形工具选项栏　　　　　　　　　　图 2-8　绘制多边形

　在选项栏的【点数或边数】增量框中可以直接输入多边形的点数或边数，也可以单击文本框中的上下按钮来进行设置。

2. 绘制星形

绘制星形，有以下两种方法。

方法 1：使用【星形工具】。

单击工具箱中【多边形工具】右下角的三角形按钮○，在弹出的隐藏工具组中选择【星形工具】☆。在选项栏中设置【星形】边数，如图 2-9 所示，按住鼠标左键拖动鼠标即可绘制星形，如图 2-10 所示。

图 2-9 星形工具选项栏

图 2-10 星形

方法 2：利用【形状工具】 制作星形。

步骤 01 选中绘制好的多边形，单击工具箱中【形状工具】按钮 ，选中多边形最上面的控制点，如图 2-11 所示。

步骤 02 按住鼠标左键向外拖动控制点到需要的位置，如图 2-12 所示，释放鼠标，得到如图 2-13 所示的星形。

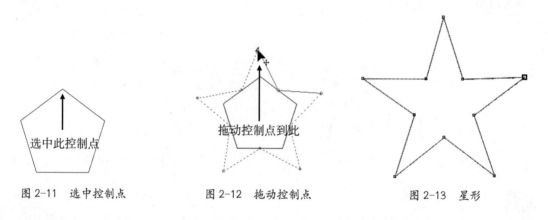

图 2-11 选中控制点   图 2-12 拖动控制点   图 2-13 星形

2.1.4 绘制螺纹

使用工具箱中的【螺纹工具】 可以绘制螺纹，包括对称式和对数式两种。

1. 绘制对称式螺纹

步骤 01 单击工具箱中【多边形工具】右下角的三角形按钮 ，在弹出的隐藏工具组中选择【螺纹工具】按钮 。

步骤 02 在选项栏【螺纹回圈】中可以设置螺纹的圈数，单击【对称式螺纹】按钮 ，如图 2-14 所示。在工作区中单击并按住鼠标左键拖动，释放鼠标，即可绘制螺纹，如图 2-15 所示。

设定螺纹的圈数

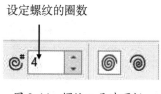

图 2-14 螺纹工具选项栏

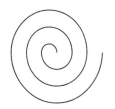

图 2-15 绘制螺纹

2. 绘制对数式螺纹

在选项栏中单击【对数螺纹】按钮◎，如图 2-16 所示。在工作区中单击并按住鼠标左键拖动，释放鼠标，即可绘制螺纹，如图 2-17 所示。

图 2-16 螺纹工具选项栏

图 2-17 绘制螺纹

在绘制对数式螺纹时，可以在选项栏中设定所需螺纹圈数及螺纹扩展参数。螺纹扩展参数分别为 1 和 100 时的效果如图 2-18 所示。

图 2-18 螺纹扩展参数分别为 1 和 100

2.1.5 绘制图纸

使用工具箱中的【图纸工具】▦，可以绘制出网格状的图形，主要用于绘制底纹、VI 设计，具体操作如下。

步骤 01 单击工具箱中的【图纸工具】▦，在选项栏中设定网格图形的行数和列数分别为 5 和 3（其最大数值为 99），如图 2-19 所示。

步骤 02 在工作区中按住鼠标左键并拖动鼠标到需要的位置，待确定大小后，释放鼠标，即可绘制网格，如图 2-20 所示。

方格图形实际上是由若干个矩形组成的，执行【对象】→【取消组合对象】命令或按【Ctrl+U】快捷键，可以将网格图形拆分为单个的矩形。使用【挑选工具】选择任意矩形，如图 2-21 所示。

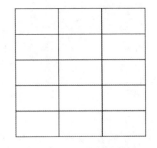

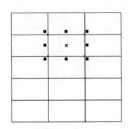

图 2-19　图纸工具选项栏　　　　图 2-20　绘制网格　　　　图 2-21　单选矩形

2.1.6　绘制常见形状

常见形状工具组是 CorelDRAW 2020 中的一组图形创建工具，其中有大量的常用图案，如心形、箭头等，为用户绘图提供了很多便利。主要包括基本形状、箭头形状、流程图形状、条幅形状和标注形状五种类型。基本形状为用户提供了多种外形选项，能快速地创建出部分常用的图形。

步骤 01　单击工具箱中【常见形状工具】按钮 ，在选项栏中单击基本外形的下拉按钮，弹出如图 2-22 所示的选项面板，在面板中选择平行四边形按钮。

步骤 02　在工作区中按住鼠标左键并拖动，绘制出一个平行四边形，如图 2-23 所示。

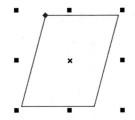

图 2-22　选项面板　　　　　　图 2-23　绘制平行四边形

可以看到，在绘制出的基本图形上有一个红色的菱形符号，拖动它可以改变图形的形状，如图 2-24 所示。

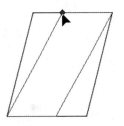

图 2-24　改变图形形状

除了基本形状外，CorelDRAW 2020 还为用户提供了箭头形状、流程图形状、星形和标注形状。各个形状的面板如图 2-25 所示。绘制它们的方法和绘制基本形状的方法相同。

箭头形状	流程图形状	标题形状	标注形状

图 2-25　各个形状的面板

📖 课堂范例——绘制饼形图表

步骤 01 选择工具箱中【椭圆形工具】◯，单击选项栏中【饼形】按钮，设置开始角度为 0 度，结束角度为 75 度，按住【Ctrl】键，绘制如图 2-26 所示的饼形。

步骤 02 按【Ctrl+C】快捷键，再按【Ctrl+V】快捷键，原处复制粘贴饼形。设置复制粘贴的饼形开始角度为 75 度，结束角度为 205 度，如图 2-27 所示。

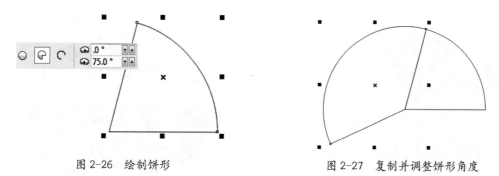

图 2-26　绘制饼形　　　　　　　　图 2-27　复制并调整饼形角度

步骤 03 按【Ctrl+C】快捷键，再按【Ctrl+V】快捷键，原处复制粘贴饼形。设置复制粘贴的饼形开始角度为 205 度，结束角度为 360 度，如图 2-28 所示。 分别将饼形填充为黄色、粉紫色、青色，如图 2-29 所示。

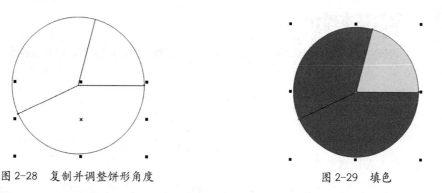

图 2-28　复制并调整饼形角度　　　　　　　　图 2-29　填色

步骤 04 用鼠标右击调色板中【无轮廓】按钮☒，去除轮廓色，如图 2-30 所示。选择工具箱中【选择工具】，将饼形移开一定距离。框选所有饼形，将光标放在如图 2-31 所示的下方的控制点上。

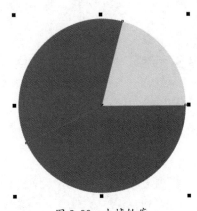

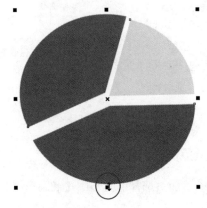

图 2-30　去掉轮廓　　　　　　　　　　　　图 2-31　移开图形

步骤 05　按住鼠标左键，向上调整饼形的高度，如图 2-32 所示。选中图形，选择工具箱中【立体化工具】 ⚙️，分别在三个饼形上拖动鼠标，制作立体效果，如图 2-33 所示。

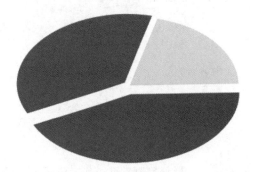

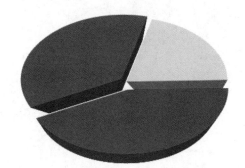

图 2-32　调整饼形的高度　　　　　　　　　图 2-33　最终效果

2.2　对象的基本操作

对象的基本操作包括选取对象、旋转对象、镜像对象、复制对象及删除对象、属性修改等操作。

2.2.1　选取对象

1. 使用【挑选工具】选取对象

使用【挑选工具】选取对象有直接选取和框选两种方法。在 CorelDRAW 2020 中，要对图形进行编辑和处理，必须先选中对象。

方法 1：单击工具箱中的【挑选工具】按钮 ▶，将光标放到对象上，如图 2-34 所示。在要选取的对象上单击鼠标，对象周围出现八个黑色的控制点，表示对象被选中，如图 2-35 所示。

图 2-34　将光标放到对象上

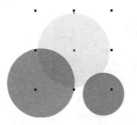

图 2-35　选中对象

方法 2：单击工具箱中的【挑选工具】按钮，在对象外按住鼠标左键，拖出一个虚线框，使对象全部在虚线框内，也可以选中对象，如图 2-36 所示。当所选对象全部被框住时释放鼠标，即可完成对该对象的选取，如图 2-37 所示。

图 2-36　拖出虚线框

图 2-37　选中对象

2. 使用菜单命令选取对象

执行【编辑】→【全选】命令，系统将会自动弹出如图 2-38 所示的子菜单，通过选择子菜单中的选项，可以将文档中的对象、文本、辅助线或节点全部选中。

图 2-38　全选子菜单

（1）选取全部对象。

如果想选择整个文档页面中的所有对象，执行【编辑】→【全选】→【对象】命令，效果如图 2-39 所示。

（2）选取文本。

当文档中既有图形又有文本，而我们只想选择文档中的文本时，执行【编辑】→【全选】→【文本】命令，可以很方便选取文档页面中的所有文本，从而对选中的所有文本进行操作，效果如图 2-40 所示。

（3）选取辅助线。

辅助线在没有选中时呈现黑色，选中时呈现红色，执行【编辑】→【全选】→【辅助线】命令，即可将其选中，如图 2-41 所示。

图 2-39　选择整个对象

图 2-40　选择文本

图 2-41　选取辅助线

（4）选取节点。

矢量图形包含许多节点，先选中有节点的矢量图形，如图2-42所示。执行【编辑】→【全选】→【节点】命令，可以将图形中的所有节点都显示出来，如图2-43所示。

图 2-42　选中有节点的矢量图形

图 2-43　显示节点

2.2.2　复制对象及属性

在 CorelDRAW 2020 中复制对象有以下几种方法。

方法 1：选中要复制的对象，按住鼠标左键，将对象向右拖动一定位置时单击鼠标右键，如图 2-44 所示，复制的对象如图 2-45 所示。

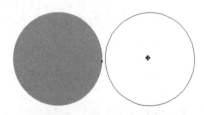
图 2-44　拖动鼠标并右击

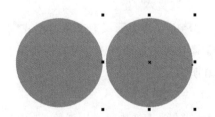
图 2-45　复制对象

方法2：选中对象后按下小键盘上的【+】快捷键，即可在原地复制对象。

方法3：选中对象，按【Ctrl+C】快捷键，再按【Ctrl+V】快捷键即可复制对象。

除了复制对象外，还可以只复制对象属性。具体操作步骤如下。

步骤 01 单击工具箱中的【挑选工具】按钮 ，选中要复制的对象，如图2-46所示。按住鼠标右键，拖动到新的对象上面，如图2-47所示。

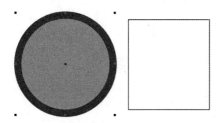

图2-46 选中对象

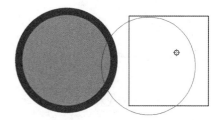

图2-47 鼠标右键拖动

步骤 02 释放鼠标后，在弹出的快捷菜单中选择【复制轮廓】命令，如图2-48所示，即可复制对象属性，如图2-49所示。

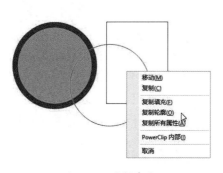

图2-48 选择命令

图2-49 复制轮廓

2.2.3 删除对象

在CorelDRAW 2020中可以轻松地将不需要的对象删除，在CorelDRAW 2020中删除对象有以下几种方法。

- 选中要删除的单个或多个对象，按【Delete】键直接删除。
- 选中要删除的对象，执行【编辑】→【删除】命令即可删除对象。
- 在要删除的对象上右击鼠标，在弹出的快捷菜单中选择【删除】命令即可。

2.2.4 调整对象大小

调整对象大小的具体操作步骤如下。

步骤 01 先选中对象，然后将鼠标光标移至对象的任一角的控制点上，光标变为倾斜的箭头符号，如图2-50所示。

步骤02 单击并按住鼠标左键，拖动鼠标到如图 2-51 所示的位置后释放鼠标，即可完成对象大小的调整。

图 2-50 移动光标至控制点上　　　　　　　图 2-51 拖动控制点调整大小

温馨提示

调整对象的大小时，默认的是对角点不动。若要以中心点不动调整对象的大小，按住【Shift】键即可。

2.2.5 旋转对象

旋转对象的具体操作步骤如下。

步骤01 单击工具箱中的【挑选工具】按钮，选中对象，再次单击鼠标，对象的四个角上的控制点变为形状，将光标移至对象的任一角的控制点上，如图 2-52 所示。

步骤02 单击并按住鼠标左键，拖动鼠标到需要的位置后，释放鼠标即可旋转对象，如图 2-53 所示。

图 2-52 将光标移至对象的任一角的控制点上　　　图 2-53 旋转对象

2.2.6 倾斜对象

倾斜对象的具体操作步骤如下。

步骤01 单击工具箱中的【挑选工具】按钮，选中对象。将光标放到对象的中心位置，单击鼠标，对象的四边中心出现倾斜控制点。

步骤02　将光标移至倾斜控制点上，光标变为倾斜符号⇌，如图2-54所示。单击并按住鼠标左键拖动鼠标到需要的位置后，释放鼠标即可倾斜对象，如图2-55所示。

图 2-54　对象四边的中心出现倾斜控制点

图 2-55　倾斜对象

2.2.7　镜像对象

镜像对象的具体操作步骤如下。

步骤01　单击工具箱中的【挑选工具】按钮▶，选中要镜像的对象，单击选项栏中【水平镜像】按钮，如图2-56所示，得到如图2-57所示的效果。

图 2-56　选中对象

图 2-57　水平镜像对象

步骤02　单击工具箱中的【挑选工具】按钮▶，选中要镜像的对象，如图2-58所示。单击选项栏中【垂直镜像】按钮，得到如图2-59所示的效果。

图 2-58　选中对象

图 2-59　垂直镜像对象

🗂️ 课堂范例——绘制一张卡片

步骤01　选择工具箱中【矩形工具】按钮□，绘制一个矩形作为背景，填充颜色为浅黄色，去掉轮廓。

步骤 02 选择工具箱中【基本形状工具】按钮☺,在选项栏中单击【常用形状】按钮⇨,弹出选项面板,在面板中选择心形。在工作区中按住鼠标左键并拖动,绘制心形,如图 2-60 所示。保持心形的选中状态并再次单击,切换到旋转状态,将光标放在图 2-61 所示的左上角的控制点上。

图 2-60 绘制心形

图 2-61 显示控制点

步骤 03 按住鼠标左键拖动控制点旋转图形,如图 2-62 所示。填充图形颜色为红色,用鼠标右击调色板中【无轮廓】按钮☒,去除轮廓色,如图 2-63 所示。

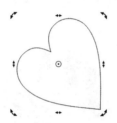

图 2-62 旋转心形

图 2-63 填色

步骤 04 单击工具箱中【多边形工具】右下角的三角形按钮◯,在弹出的隐藏工具组中选择【螺纹工具】◎。在选项栏中单击【对称式螺纹】按钮◎,设置螺纹回圈数为 3,设置轮廓宽度为 2mm,在工作区中单击并按住鼠标左键拖动,绘制螺纹,如图 2-64 所示。

步骤 05 按【Shift+F12】快捷键,打开【选择颜色】对话框,设置轮廓色,如图 2-65 所示。单击【OK】按钮,颜色如图 2-66 所示。

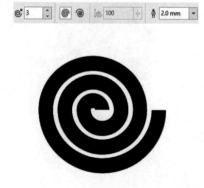

图 2-64 绘制螺纹

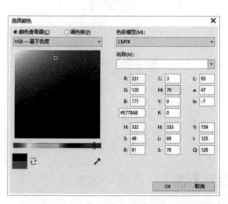

图 2-65 【选择颜色】对话框

步骤 06　单击工具箱中【多边形工具】右下角的三角形按钮◯，在弹出的隐藏工具组中选择【星形工具】☆。设置边数为5，拖动鼠标绘制五角星形，如图2-67所示。

图 2-66　改变螺纹颜色

图 2-67　绘制星形

步骤 07　选择工具箱中【形状工具】🔧，将光标放在图2-68所示的位置。按住鼠标左键，拖动调整星形形状，如图2-69所示。

图 2-68　放置光标

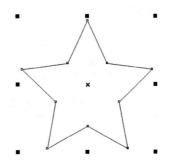

图 2-69　调整星形形状

步骤 08　保持五角星的选中状态并再次单击，切换到旋转状态，将光标放在图2-70所示的左上角的控制点上。按住鼠标左键拖动旋转星形。

步骤 09　填充图形的颜色为淡黄色，用鼠标右击调色板中【无轮廓】按钮⊠，去掉轮廓，如图2-71所示。

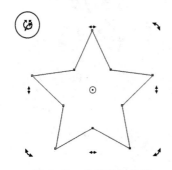

图 2-70　放置鼠标指针

图 2-71　旋转星形并填充

步骤 10　复制多个图形，调整图形大小并改变其颜色，如图2-72所示。单击工具箱中【文本工具】**字**按钮或按【F8】键，输入文字，字体为方正少儿简体，大小为 96pt，如图 2-73 所示。

图 2-72　复制多个图形

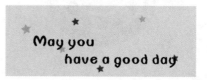

图 2-73　输入文字

步骤 11　再选中单词"May"，如图 2-74 所示。单击调色板中红色图标，将其颜色改为红色，如图 2-75 所示。

图 2-74　选中文字

图 2-75　改变字体颜色

步骤 12　按【Ctrl+I】快捷键，导入"素材文件 \ 第 2 章 \ 兔子 .cdr"文件，如图 2-76 所示。把素材放到背景中，如图 2-77 所示。

图 2-76　素材

图 2-77　最终效果

🗨 课堂问答

在学习了本章的对象的绘制与基本操作后，还有哪些需要掌握的难点知识呢？下面将为读者讲解本章的疑难问题。

问题1：表格工具与图纸工具有什么区别？

答：表格工具与图纸工具绘制的图形表面上看上去一样，但其使用方法截然不同。选择【图纸工具】绘制的图形，按【Ctrl+U】快捷键，取消组合，可以看到，图纸是由一个个小矩形组成的，如图2-78所示。选择【表格工具】绘制的图形，按【Ctrl+K】快捷键，将对象拆分，再按【Ctrl+U】快捷键取消组合，可以看到，表格是由线条组成的，如图2-79所示。关于表格的其他应用，将在第7章中详讲。

问题2：如何精确地操作对象？

答：在本章2.2节中介绍了对对象调整大小、旋转、倾斜等操作，那么如果要精确地进行这些操作，该怎么做呢？可以在选项栏中输入数据，也可以执行【窗口】→【泊坞窗】→【变换】命令，选择相应的命令可以精确地操作对象，如图2-80所示。关于其具体操作，将在第5章中详讲。

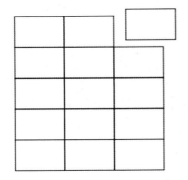

图2-78 图纸拆分

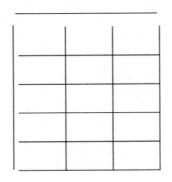

图2-79 表格拆分

图2-80 【变换】泊坞窗

问题3：如何快速水平镜像并复制对象，且让两个对象相切？

答：快速水平镜像并复制对象，且让两个对象相切的操作方法如下。

选择工具箱中【选择工具】，选中对象，将光标放到图2-81所示的左侧控制点上，左手按住【Ctrl】键，右手按住鼠标左键，将对象向右拖动后单击鼠标右键，然后再释放【Ctrl】键和鼠标左键，效果如图2-82所示。

图2-81 放置鼠标指针

图2-82 水平镜像并复制对象

上机实战——绘制以字母为造型的 Logo 标志

学完本章的内容后，为了让读者能巩固本章知识点，下面讲解一个技能综合案例，使大家对本章的知识有更深入的了解。

效果展示

思路分析

本例是设计一个企业标志，以首写字母 M 为造型元素。将一组矩形通过复制、倾斜、水平镜像等操作，得到一个图形化的字母。

制作步骤

步骤 01　选择工具箱中【矩形工具】□，绘制一个矩形，如图 2-83 所示。将光标放在左侧的控制点上，左手按住【Ctrl】键，右手按住鼠标左键，将矩形拖动到右边后按住鼠标右键，先释放鼠标右键，再松开【Ctrl】键，复制矩形，如图 2-84 所示。

步骤 02　按【Ctrl+R】快捷键多次，重复上次操作，如图 2-85 所示。填充矩形为不同颜色，如图 2-86 所示。用鼠标右击调色板中【无轮廓】按钮☑，去掉轮廓，如图 2-87 所示。

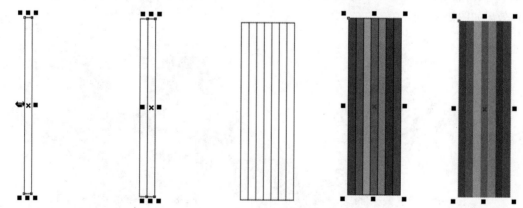

图 2-83　绘制矩形　　图 2-84　复制矩形　　图 2-85　复制多个矩形　　图 2-86　填色　　图 2-87　去掉轮廓

步骤03 框选所有矩形，按【Ctrl+C】快捷键，再按【Ctrl+V】快捷键，原处复制矩形。将光标放在下方中间的控制点上，如图2-88所示，按住鼠标左键拖动控制点，倾斜矩形，如图2-89所示。

步骤04 框选图2-89中的所有图形，按【Ctrl+C】快捷键，再按【Ctrl+V】快捷键，原处复制图形。单击选项栏中【水平镜像】按钮 ，将复制的图形水平镜像，如图2-90所示。

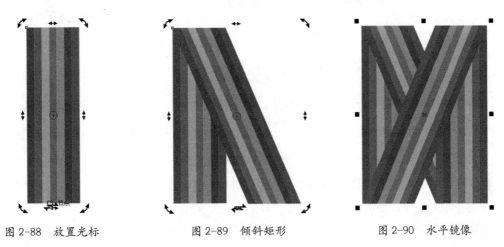

图2-88 放置光标　　　　　　图2-89 倾斜矩形　　　　　　图2-90 水平镜像

步骤05 再按住【Ctrl】键，水平向右移动复制的图形，如图2-91所示。按住【Shift】键，同时框选两组竖向矩形，调整矩形高度，得到图2-92所示的效果。

图2-91 水平移动

图2-92 最终效果

🌐 同步训练——绘制同心图案

为了增强读者动手能力，下面安排一个同步训练案例，让读者达到举一反三、触类旁通的学习效果。

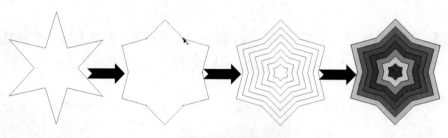

图解流程

思路分析

本例是制作一个多彩星形，可用于卡片、广告等设计中作为装饰图形。首先绘制星形，再通过【形状工具】调整星形的形状，再制作多个同心星形，最后填色，完成制作。

关键步骤

步骤 01　选择工具箱【多边形工具】中【星形工具】☆，在选项栏中设置星形的边数为 6，拖动鼠标绘制六角星，如图 2-93 所示。

步骤 02　选择工具箱中【形状工具】，将光标放在图 2-94 所示的位置。按住鼠标左键，拖动调整星形形状。

图 2-93　绘制星形

图 2-94　调整星形形状

步骤 03　将光标放在左边的控制点上，左手按住【Shift】键，右手按住鼠标左键，将矩形拖动到右边后按住鼠标右键，先释放鼠标右键，再松开【Shift】键，复制多边形，如图 2-95 所示。

步骤 04　按【Ctrl+D】快捷键多次，重复上次操作，如图 2-96 所示。由下向上分别为星形填充颜色，如图 2-97 所示。

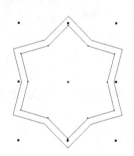

图 2-95　复制图形

图 2-96　重复上次操作

图 2-97　最终效果

技能拓展 按【Ctrl+D】快捷键，可以等距缩小并复制图形。按【Ctrl+R】快捷键，将以递减的方式缩小并复制图形。

知识能力测试

本章讲解了如何在 CorelDRAW 中绘制、操作图形，为对知识进行巩固和考核，下面布置相应的练习题。

一、填空题

1. 在 CorelDRAW 中若要以起点为中心绘制图形可按住 _____ 键，绘制正形按住 _____ 键。

2. 在 CorelDRAW 中螺纹工具可以绘制出 _____ 式和 _____ 式两种螺纹。

3. 使用椭圆工具可以绘制 _____、_____、_____ 三种类型的图形。

4. 在 CorelDRAW 中拖动 _____ 键到目标对象上可复制对象属性。

二、选择题

1. 在 CorelDRAW 中按住（   ）键拖动对象控制点即可镜像对象。

A. Alt   B. Ctrl   C. Shift   D. Tab

2. 在 CorelDRAW 中加选或者减选对象都是按（   ）键然后单击对象。

A. Alt   B. Ctrl   C. Shift   D. Tab

3. 在 CorelDRAW 中，矩形倒角的方式不包括（   ）。

A. 圆角   B. 倒棱角   C. 花式角   D. 扇形角

三、简答题

1. 在 CorelDRAW 中有多种复制对象的方法有哪些？如何操作？

2. 在 CorelDRAW 中如何绘制星形？

CorelDRAW
2020

第3章
不规则图形的绘制与编辑

　　直线和曲线是组成图形的基本元素，熟悉掌握直线和曲线的绘制方法是图形设计的基础。在 CorelDRAW 2020 中有多种绘制直线和曲线的工具，本章将详细介绍直线和曲线的绘制技巧。

学习目标

- 熟练掌握手绘工具的使用
- 熟练掌握贝塞尔工具的使用
- 熟练掌握钢笔工具的使用
- 熟练掌握艺术笔工具的使用
- 学会使用形状工具编辑图形

3.1　直线和曲线的绘制

直线和曲线是组成图形最基本的元素，掌握它们的绘制技巧和方法是图形设计的基础。

3.1.1　手绘工具

使用手绘工具可以绘制直线和曲线，下面分别介绍其使用方法。

1. 用手绘工具绘制直线

用手绘工具绘制直线的具体操作步骤如下。

步骤 01　选择工具箱中【手绘工具】🖉，光标将变成 形状。

步骤 02　在绘图页面中任意点单击鼠标作为直线的起点，移动鼠标到需要的位置，如图 3-1 所示，单击鼠标作为直线的终点，如图 3-2 所示。

图 3-1　确定起点　　　　　　　　　　　　图 3-2　绘制直线

手绘工具除了绘制简单的直线（或曲线）外，还可以配合其选项栏的设置，绘制出各种粗细、线型的直线（或曲线）及箭头符号。

2. 用手绘工具绘制曲线

用手绘工具绘制曲线的具体操作步骤如下。

步骤 01　选择工具箱中【手绘工具】🖉，在选项栏中设置手绘平滑度，如图 3-3 所示。

步骤 02　在页面上任意点单击鼠标，确定曲线的起点，在起点位置按住鼠标左键，拖动鼠标绘制曲线，如图 3-4 所示。

步骤 03　到所需的位置时释放鼠标，鼠标经过的地方就绘制出一条曲线，如图 3-5 所示。

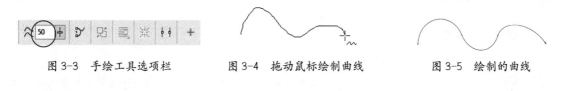

图 3-3　手绘工具选项栏　　　图 3-4　拖动鼠标绘制曲线　　　图 3-5　绘制的曲线

3.1.2　贝塞尔工具

1. 用贝塞尔工具绘制直线

用贝塞尔工具绘制直线的具体操作步骤如下。

步骤 01 单击工具箱中【手绘工具】右下角的三角形按钮，在弹出的隐藏工具组中单击【贝塞尔工具】按钮，在工作区中单击鼠标确定直线起点。

步骤 02 移动鼠标到需要的位置，再单击鼠标可绘制出一条直线，如图3-6所示。

步骤 03 如果再继续确定下一个点就可以绘制一个折线，再继续确定节点，可绘制出多个折角的折线，如图3-7所示，完成后按空格键即可完成直线或折线的绘制，如图3-8所示。

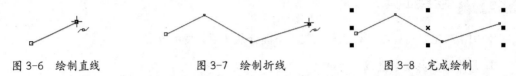

图 3-6　绘制直线　　　　图 3-7　绘制折线　　　　图 3-8　完成绘制

工具箱中的【贝塞尔工具】可以精确地绘制直线和圆滑的曲线。它是通过改变节点控制点的位置来控制及调整曲线的弯曲程度的。

2. 用贝塞尔工具绘制曲线

用贝塞尔工具绘制曲线的具体操作步骤如下。

步骤 01 单击工具箱中【手绘工具】右下角的三角形按钮，在弹出的隐藏工具组中单击【贝塞尔工具】按钮。

步骤 02 在绘图区的适当位置单击确定曲线的起始点，再在需要的位置单击鼠标确定第二个点，按住鼠标左键拖动鼠标，此时将显示出一条带有两个节点和一个控点的蓝色虚线调节杆，如图3-9所示。

步骤 03 调整调节杆确定曲线的形状，完成后按空格键完成曲线的绘制，如图3-10所示。

图 3-9　确定点的位置　　　　　　图 3-10　完成曲线的绘制

3.1.3　钢笔工具

1. 用钢笔工具绘制直线

用钢笔工具绘制直线的具体操作步骤如下。

步骤 01 单击工具箱中【手绘工具】右下角的三角形按钮，在弹出的隐藏工具组中单击【钢笔工具】按钮。

步骤 02 在工作区中任意位置单击鼠标以确定直线起点。移动鼠标到需要的位置，再单击鼠标可绘制出一条直线，如图3-11所示。

步骤 03 如果再继续确定下一个点就可以绘制一条折线，如图3-12所示，再继续确定节点，可绘制出多个折角的折线，完成后双击鼠标可完成直线或折线的绘制，如图3-13所示。

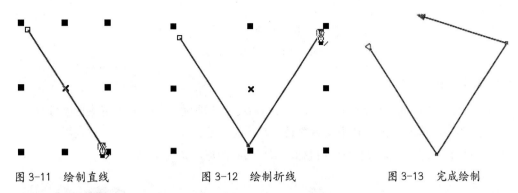

图 3-11 绘制直线　　　　　　　　图 3-12 绘制折线　　　　　　　　图 3-13 完成绘制

工具箱中的钢笔工具与贝塞尔工具功能相似，既可以绘制直线，也可以绘制曲线。在绘制曲线时，使用钢笔工具更为方便。

2. 用钢笔工具绘制曲线

用钢笔工具绘制曲线的具体操作步骤如下。

步骤 01　单击工具箱中【手绘工具】右下角的三角形按钮 ，在弹出的隐藏工具组中单击【钢笔工具】按钮 。

步骤 02　在工作区中任意位置单击鼠标以确定直线起点。再在需要的位置单击鼠标确定第二个点，按住鼠标左键拖动鼠标，此时将显示出一条带有两个节点和一个控点的蓝色虚线调节杆，如图 3-14 所示。

步骤 03　移动鼠标，在第一个节点和光标之间生成一条弯曲的线，随着鼠标的移动，弯曲的线的形状也会发生变化，移动鼠标到需要的位置后，双击鼠标即可完成曲线的绘制，如图 3-15 所示。

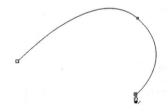

图 3-14 确定点的位置　　　　　　　　　　图 3-15 完成曲线的绘制

3.1.4 艺术笔工具

用户可以利用艺术笔工具绘制具有艺术效果的线条或图案。选择工具箱中【艺术笔工具】 ，这时鼠标光标会变成一支毛笔的形状 。

在艺术笔的选项栏中有五个功能各异的笔形按钮，如图 3-16 所示。从左至右，依次为预设笔触、画笔工具、喷罐工具、书法笔工具、压力笔工具。选择了笔形并设置好画笔宽度等选项后，在绘图页面中单击并拖动鼠标，即可绘制出各种图案效果。

图 3-16　艺术笔工具选项栏

1. 预设笔触

用于预置艺术画笔的形状，图 3-17 为它所对应的选项栏。在 ⌇100 ⌄ 滑块栏中可设置画笔笔触的平滑程度；在 ▤30.0 mm⌄ 选项栏中可设置画笔笔触的宽度；在 ▢～▢ 下拉列表栏中可选择画笔的形状。在页面中按住鼠标左键并拖动鼠标，即可绘制图形，如图 3-18 所示。

图 3-17　预设笔触选项栏　　　　　图 3-18　笔触效果

2. 画笔工具

画笔工具可以绘制出画笔式的笔触图形，其选项栏如图 3-19 所示。在选项栏右侧的下拉列表框中有 24 种画笔笔刷样式，选择一种画笔笔刷样式后，在页面中按住鼠标左键并拖动鼠标，即可绘制图形，如图 3-20 所示。

图 3-19　画笔工具选项栏　　　　　图 3-20　笔刷效果

3. 喷罐工具

喷罐工具的选项栏如图 3-21 所示。在喷射图样中可以选择 CorelDRAW 所提供的图案。完成设置后，在绘制页面中拖动鼠标，即可在鼠标所到的地方喷上所选择的图案。在页面中按住鼠标左键并拖动鼠标，即可绘制图形，如图 3-22 所示。

图 3-21　喷罐工具选项栏　　　　　图 3-22　笔触效果

4. 书法笔工具

书法笔工具的选项栏如图 3-23 所示。在 ⌇ 100 ⊕ 滑块栏中可设置画笔笔触的平滑程度；在
⌇ 30.0 mm ⊕ 选项栏中可设置画笔笔触的宽度。在页面中按住鼠标左键并拖动鼠标，即可绘制图形，如
图 3-24 所示。

　　图 3-23　书法工具选项栏　　　　　　　　　　　　　　图 3-24　书法笔触效果

5. 压力笔工具

压力笔绘制图形时是通过调节数值来控制压力笔的压力，当压力增大时，线条的宽度就会增加，
其选项栏如图 3-25 所示。在 ⌇ 100 ⊕ 滑块栏中可设置画笔笔触的平滑程度；在 ⌇ 30.0 mm ⊕ 选项栏中可
设置画笔笔触的宽度。在页面中按住鼠标左键并拖动鼠标，即可绘制图形，如图 3-26 所示。

　　图 3-25　压力工具选项栏　　　　　　　　　　　　　　图 3-26　笔触效果

📇 **课堂范例——绘制开心卡通猫**

步骤01　选择工具箱中【椭圆形工具】○，绘制椭圆。选择工具箱中【钢笔工具】✎，绘制
盘底，如图 3-27 所示。填充下面的图形为橘色，上面的图形为白色，如图 3-28 所示。

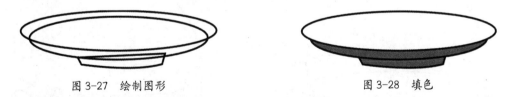

　　图 3-27　绘制图形　　　　　　　　　　　　　　　　　图 3-28　填色

步骤02　选择工具箱中【钢笔工具】✎，绘制杯子图形，如图 3-29 所示。填充杯子为黄色，
如图 3-30 所示。

图 3-29　绘制图形

图 3-30　填色

步骤 03　选择工具箱中【常见形状工具】🔖，单击选项栏中【基本形状】按钮➡️，在弹出的面板中选择心形，在工作区拖动鼠标，绘制心形。填充心形为黄色，去掉轮廓，如图 3-31 所示。

步骤 04　选择工具箱中【钢笔工具】🖊️，绘制猫的轮廓图形，如图 3-32 所示。

图 3-31　绘制心形

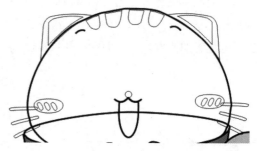

图 3-32　绘制图形

步骤 05　选择工具箱中【椭圆形工具】⭕，绘制猫的眼睛，如图 3-33 所示。选中眼睛图形，按住【Ctrl】键的同时按住鼠标左键，将图形移到一定位置后单击鼠标右键，水平复制眼睛图形，如图 3-34 所示。

图 3-33　绘制眼睛

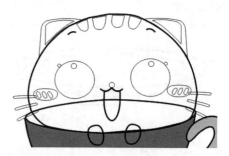

图 3-34　复制眼睛

步骤 06　按住【Shift】键，同时选中猫脸图形和手，填充脸为黄色，如图 3-35 所示。填充猫的眼睛为黑色，高光为白色，如图 3-36 所示。

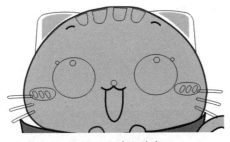

图 3-35　填充黄色

图 3-36　为眼睛填色

步骤 07　按住【Shift】键，同时选中猫的耳朵、胡须等图形，填充为咖啡色，如图 3-37 所示。再按住【Shift】键，同时选中猫的腮红、舌头等图形，填充为粉色，如图 3-38 所示。

图 3-37　填充咖啡色

图 3-38　填充粉色

步骤 08　选中猫头上的纹理图形，填充为白色，去掉轮廓，如图 3-39 所示。下面制作背景，选择工具箱中【矩形工具】□，绘制矩形背景，填充为青色，去掉轮廓。再绘制小矩形，填充为蓝色，去掉轮廓，如图 3-40 所示。

图 3-39　填充纹理

图 3-40　绘制矩形

步骤 09　保持矩形的选中状态并再次单击，切换到旋转状态，将光标放在左上角的控制点上。按住鼠标左键拖动旋转图形，如图 3-41 所示。

步骤 10　再次单击，从旋转状态切换回移动状态，左手按住【Ctrl】键，右手按住鼠标左键，将矩形拖动到右边后按住鼠标右键，先松开鼠标右键，再松开【Ctrl】键，复制矩形，如图3-42所示。

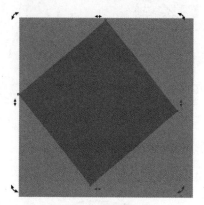

图 3-41 旋转矩形

图 3-42 复制矩形

步骤 11 按【Ctrl+R】快捷键多次，重复上次操作，如图3-43所示。框选一行小矩形，左手按住【Ctrl】键，右手按住鼠标左键，将矩形拖动到下边后按住鼠标右键不放，先松开鼠标右键，再松开【Ctrl】键，复制一行矩形，如图3-44所示。

图 3-43 重复复制矩形

图 3-44 复制矩形

步骤 12 按【Ctrl+R】快捷键多次，重复上次操作，如图3-45所示。框选前面绘制的猫，按【Shift+PageUp】快捷键，将猫的图层顺序调整到最上面一层，如图3-46所示。

图 3-45 重复复制矩形

图 3-46 最终效果

3.2　编辑曲线

在 CorelDRAW 中，曲线是最基础的编辑单位，也是最常使用到的对象编辑方式。即便是绘制一些简单的图案，直接使用基本形状的组合也不易完成，这时就需要将这些基本形状转换为曲线，然后使用【形状工具】，结合使用选项栏和快捷菜单，通过编辑曲线来完成最终的造形。

3.2.1　编辑节点

利用工具箱中形状工具，可以对曲线进行任意的编辑，其操作步骤如下。

步骤 01　选择工具箱中【选择工具】，选中需进行编辑的对象；再选择工具箱中【形状工具】，被选中的曲线对象的所有节点将会显现出来，如图 3-47 所示。

步骤 02　如果使用【形状工具】单击某个节点，则该节点会变成黑色的小方块，表明已选中此节点，如图 3-48 所示。

步骤 03　选中节点后，按住鼠标左键并拖动鼠标即可移动节点，如图 3-49 所示。

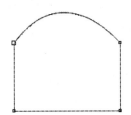

图 3-47　显示节点

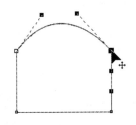

图 3-48　单击节点

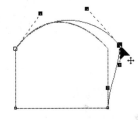

图 3-49　移动节点

步骤 04　使用【形状工具】框选节点，则被框选的区域内的所有节点会被选中，如图 3-50 所示；选中节点后，将光标移至节点上并按住鼠标左键拖动，可移动整个曲线对象，如图 3-51 所示。

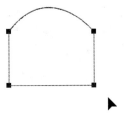

图 3-50　选中节点

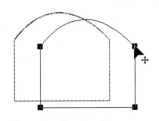

图 3-51　移动对象

步骤 05　如果组成某段曲线的两个节点都是曲线性质的，则使用【形状工具】单击该段曲线并按住鼠标左键拖动，就可改变此段曲线的曲率或移动此曲线，如图 3-52 所示。

步骤 06　如果选择的节点是曲线性质的，则其两端就会出现指向线，单击并按住鼠标左键拖动指向线，可改变该节点处曲线的形状及曲率，如图 3-53 所示。

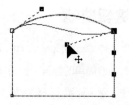

图 3-52　改变曲线形状　　　　　　　　　　　图 3-53　拖动指向线

3.2.2　节点的形式

　　CorelDRAW 为用户提供了尖突节点、平滑节点和对称节三种节点编辑形式，这三种节点可以相互转换，实现曲线的各种变化，如图 3-54 所示。

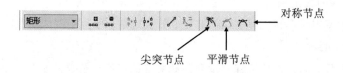

图 3-54　选项栏

- 尖突：它两端的指向线是相互独立的，可以单独调节节点两边的线段的长度和弧度，如图 3-55 所示。
- 平滑：节点两端的指向线始终为同一直线，即改变其中一个指向线的方向时，另一个也会相应变化。但两个手柄的长度可以独立调节，相互之间没有影响，如图 3-56 所示。
- 对称：节点两端的指向线以节点为中心而对称，改变其中一个的方向或长度时，另一个也会产生同步、同向的变化，如图 3-57 所示。

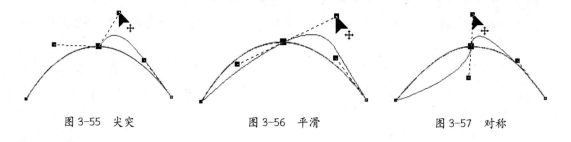

图 3-55　尖突　　　　　　　　图 3-56　平滑　　　　　　　　图 3-57　对称

3.2.3　添加和删除节点

　　用钢笔工具添加、删除节点的具体操作步骤如下。

　　步骤 01　单击钢笔工具选项栏上的【自动添加 / 删除】按钮，钢笔工具会变为自动增删节点模式，如图 3-58 所示。

　　步骤 02　将光标移到节点上，光标变为【-】形状时，如图 3-59 所示，在节点上单击即可删除该节点，如图 3-60 所示。

图 3-58　钢笔工具选项栏

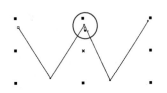

图 3-59　将光标移到节点上

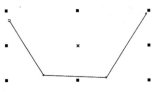

图 3-60　删除节点

步骤 03　如果将光标放到路径上，光标变为【+】形状时，如图 3-61 所示，单击该路径即可添加一个节点，如图 3-62 所示。

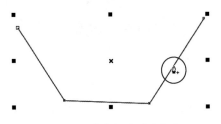

图 3-61　将光标放到路径上

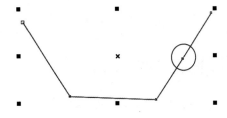

图 3-62　添加节点

技能拓展

用【形状工具】可以更快速地添加和删除节点。

选择工具箱中【形状工具】🔧，在节点处双击可删除节点；在没有节点的路径上双击，即可添加节点。

3.2.4　分割节点

曲线对象一旦从某个节点处断开了，这个对象就不再闭合，也不能再填充颜色了。如果以前曾填有颜色，则所填颜色会自动消失；如果在曲线对象中有一个以上的分割点，则曲线对象会被分割成几条子路径，但它们仍属于同一对象；分割后的曲线可以用结合节点的方法再连接起来。分割节点的方法如下。

步骤 01　利用【形状工具】🔧选中要分割的节点，如图 3-63 所示。

步骤 02　单击属性选项栏中的【分割曲线】按钮 ⚡，如图 3-64 所示。曲线会从所选节点处断开，分割为两个节点，如图 3-65 所示。

图 3-63　选中节点

图 3-64　形状工具选项栏

步骤 03 选中分割的节点，拖动鼠标，得到如图 3-66 所示的效果。

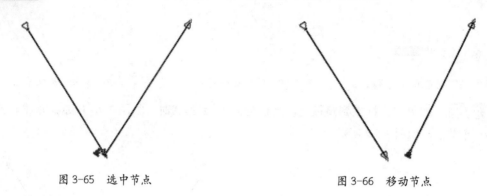

图 3-65　选中节点　　　　图 3-66　移动节点

3.2.5　结合两个节点

在 CorelDRAW 默认状态下，只有封闭对象才能进行填色，因此常常需要应用节点的连接。在结合两个节点时，两个节点会同时移动位置并结合在一起。此命令仅适用于同一对象中的两个不相连的节点，如要将两个不同对象中的节点连接起来，首先必须将这两个对象结合在一起，具体操作如下。

步骤 01 利用【形状工具】框选曲线上两个不相连的节点，如图 3-67 所示。

步骤 02 单击属性选项栏中的【连接两个节点】按钮，如图 3-68 所示，即可将所选的两个节点连接在一起，如图 3-69 所示。

图 3-67　框选节点　　　图 3-68　连接节点　　　图 3-69　结合节点

3.2.6　直线与曲线的相互转换

利用形状工具选项栏中的【转换直线为曲线】按钮和【转换曲线为直线】按钮，可以在直线和曲线间相互转换。

1. 将曲线转换为直线

利用【形状工具】框选曲线上面的所有节点，如图 3-70 所示。单击选项栏中的【转换曲线为直线】按钮，可以将选中的曲线转换为一条直线，如图 3-71 所示。

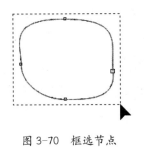

图 3-70　框选节点

图 3-71　转换曲线为直线

2. 将直线转换为曲线

单击工具箱中【形状工具】按钮，选中如图 3-72 所示的节点。单击选项栏中的【转换直线为曲线】按钮，选中节点，在节点的两端出现控制摇柄，如图 3-73 所示。单击并按住鼠标左键拖动控制摇柄，可将直线编辑成各种曲线，如图 3-74 所示。

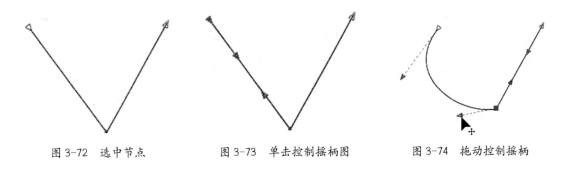

图 3-72　选中节点　　　　图 3-73　单击控制摇柄图　　　　图 3-74　拖动控制摇柄

课堂范例——绘制吊牌

步骤 01　选择工具箱中【选择工具】，从标尺上拖出一条垂直辅助线。选择工具箱中【矩形工具】，在选项栏中单击【圆角图标】按钮，设置圆角半径为 10mm，如图 3-75 所示。按住【Shift】键，将光标放到辅助线上，拖动鼠标，绘制如图 3-76 所示的圆角矩形，辅助线为其中心线。

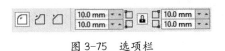

图 3-75　选项栏　　　　　　　　　　　图 3-76　绘制矩形

可以暂时隐藏辅助线，需要时再显示。执行【查看】→【辅助线】命令，可以隐藏辅助线。再执行【查看】→【辅助线】命令，可以显示辅助线。

步骤 02 按【Ctrl+Q】快捷键，将矩形转换为曲线，选择工具箱中【形状工具】，在上面的中心点双击，添加节点，如图 3-77 所示。

步骤 03 按住【Shift】键，同时选中左右的节点，单击选项栏中【尖突节点】按钮，使节点尖突，如图 3-78 所示。

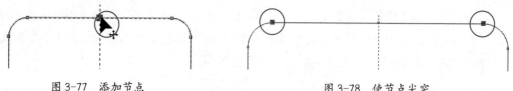

图 3-77 添加节点　　　　　　　图 3-78 使节点尖突

步骤 04 再选中中间的节点，向上方拖动，如图 3-79 所示。用形状工具同时框选三个节点，单击选项栏中【转换为曲线】按钮，将直线转换为曲线，如图 3-80 所示。

图 3-79 向上方拖动节点　　　　　图 3-80 将直线转换为曲线

步骤 05 选中最上面的节点，如图 3-81 所示，单击选项栏中【对称节点】按钮，改变节点形式，得到如图 3-82 所示的效果。

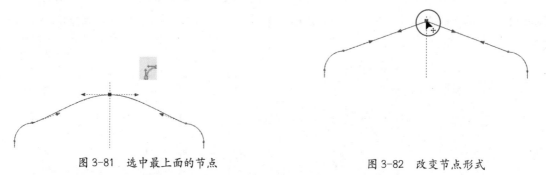

图 3-81 选中最上面的节点　　　　图 3-82 改变节点形式

步骤 06 选择工具箱中【钢笔工具】，按住【Shift】键，绘制一条直线，如图 3-83 所示。选择工具箱中【智能填充工具】，在图形上单击，生成两个新的图形，如图 3-84 所示，然后将直线删除。

温馨
提示　原图形仍保留在下方，后面会用到。

步骤 07　选中下方的图形，单击状态栏下面的【填充】按钮◆，在打开的对话框中单击上方
的【底纹填充】按钮▦，单击【样品】下拉按钮，选择【样本 8】，如图 3-85 所示。

图 3-83　绘制直线　　图 3-84　生成两个新的图形　　　　　图 3-85　选择【样本 8】

步骤 08　单击【填充】下拉按钮，在弹出的图样中选择木纹，如图 3-86 所示，在对话框的
右边改变木纹的颜色，如图 3-87 所示。

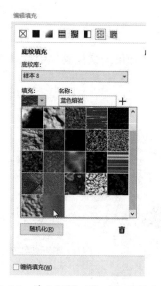

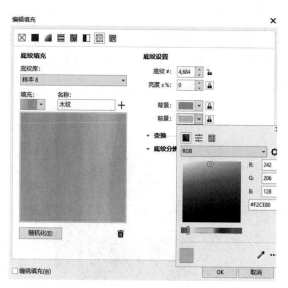

图 3-86　单击图样下拉列表选择木纹　　　　　　图 3-87　改变木纹颜色

步骤 09　单击【OK】按钮，填充木纹，如图 3-88 所示。选中吊牌上面的图形，如图 3-89

所示，填充图形为酒绿色，去掉轮廓，如图 3-90 所示。

图 3-88　填充木纹

图 3-89　选中吊牌上面的图形

图 3-90　填充图形为酒绿色

步骤 10　选择工具箱中【钢笔工具】 🖊，绘制直线。直线颜色为浅绿色，轮廓宽度为 1mm，如图 3-91 所示。选中直线，按住鼠标左键，将直线拖动到右边后单击鼠标右键，再释放鼠标左键，复制直线，如图 3-92 所示。按【Ctrl+R】快捷键多次，重复上次操作，如图 3-93 所示。

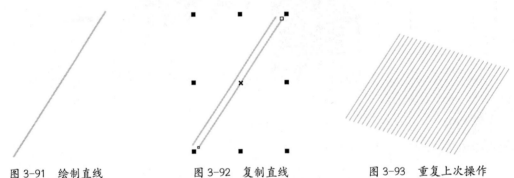

图 3-91　绘制直线　　　　　　图 3-92　复制直线　　　　　　图 3-93　重复上次操作

步骤 11　框选所有直线，按【Ctrl+G】快捷键，将其群组。按住鼠标右键，将直线拖动到绿色图形中，如图 3-94 所示。当光标变为 ⊕ 形状时释放鼠标，在弹出的快捷菜单中选择【PowerClip 内部】命令，如图 3-95 所示。

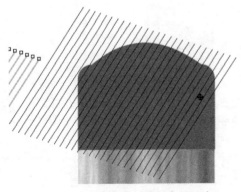
图 3-94　将直线拖动到绿色图形中

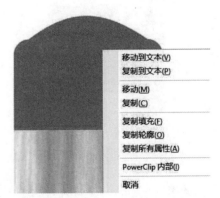
图 3-95　选择【PowerClip 内部】命令

步骤 12 选择工具箱中【椭圆形工具】○，按住【Shift】键，将光标放到辅助线上，拖动鼠标，绘制如图 3-96 所示的椭圆，辅助线为其中心线，如图 3-97 所示。

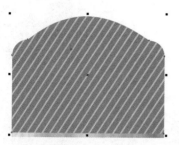

图 3-96 图框精确裁剪内部

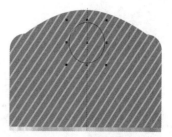

图 3-97 绘制椭圆

步骤 13 同时选中吊牌上半部分的两个对象，如图 3-98 所示。单击选项栏中【移除前面对象】按钮⤵，修剪对象，如图 3-99 所示。

图 3-98 同时选中吊牌上半部分的两个对象

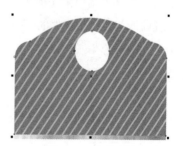

图 3-99 修剪对象

步骤 14 选择工具箱中【椭圆形工具】○，绘制椭圆，轮廓宽度为 5mm，如图 3-100 所示。

步骤 15 执行【对象】→【将轮廓转换为对象】命令，将轮廓转换为对象。为其应用线性渐变填充，里面色块为黑色，外面为咖啡色，如图 3-101 所示。

图 3-100 绘制椭圆

图 3-101 应用线性渐变填充

步骤 16 选择工具箱中【选择工具】▶，按住【Alt】键，单击吊牌，选中隐藏在下方的吊牌轮廓图形，按【Shift+PageUp】快捷键，将它的图层顺序调整到最上面一层，按住【Shift】键，向内等比例缩小对象，如图 3-102 所示。

步骤 17 再按【F12】键或单击状态栏中的【轮廓颜色】按钮，打开【轮廓笔】对话框。设置轮廓宽度为 0.9mm，选择样式为虚线，如图 3-103 所示。单击【OK】按钮，得到如图 3-104 所示的效果。

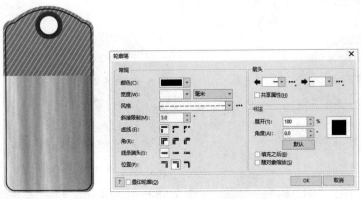

图 3-102　向内等比例缩小对象　　图 3-103　【轮廓笔】对话框　　　图 3-104　虚线效果

步骤 18　选择工具箱中【钢笔工具】🖊，绘制曲线，轮廓宽度为 1.5mm，如图 3-105 所示。放大后会发现曲线与圆孔相接处的细节需要处理，如图 3-106 所示。

图 3-105　绘制曲线　　　　　　　　图 3-106　放大查看

步骤 19　执行【对象】→【将轮廓转换为对象】命令，将曲线转换为普通对象。选择工具箱中【形状工具】🖊，调整相接处的图形形状，如图 3-107 所示。

步骤 20　再使用钢笔工具绘制一条穿过圆孔后的曲线，轮廓宽度为 1.5mm，如图 3-108 所示。

图 3-107　调整相接处的图形形状　　　图 3-108　绘制曲线

步骤 21　按【Ctrl+I】快捷键，导入"素材文件 \ 第 3 章 \ 天空 .jpg"文件，如图 3-109 所示，按【Shift+PageDown】快捷键，将天空的图层顺序调整到最下面一层。把吊牌旋转后放到天空中，如图 3-110 所示。

图 3-109　导入素材

图 3-110　把吊牌旋转后放到天空中

步骤 22　复制三个吊牌，旋转不同的角度，如图 3-111 所示。按【F8】键，改变字母及其颜色，如图 3-112 所示。

图 3-111　复制三个吊牌

图 3-112　改变字母及颜色

步骤 23　用相同的方法改变其他两个吊牌中的字母，如图 3-113 所示。

步骤 24　选中绿色图形，再在图形上右击鼠标，在弹出的快捷菜单中选择【PowerClip 内部】命令，如图 3-114 所示。

图 3-113　选择【编辑内容】命令

图 3-114　选择【PowerClip 内部】命令

步骤 25　选中组合线条，改变图形的颜色为黄色，线条的颜色为浅黄色，如图 3-115 所示。移动组合线条到黄色图形上，即可恢复裁剪效果，如图 3-116 所示。

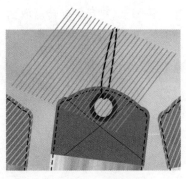

图 3-115　改变颜色

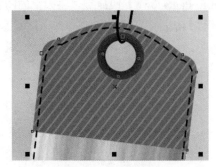

图 3-116　恢复裁剪效果

步骤 26　用相同的方法改变其他两个吊牌的颜色，最终效果如图 3-117 所示。

图 3-117　最终效果

课堂问答

在学习了本章的不规则图形的绘制与编辑后，还有哪些需要掌握的难点知识呢？下面将为读者讲解本章的疑难问题。

问题 1：如何使节点向相对的方向移动相同的距离？

答：使节点向相对的方向移动相同的距离的操作方法如下。

步骤 01　选择工具箱中【形状工具】，按住【Shift】键，加选图 3-118 所示的两个节点，单击选项栏中的【水平反射节点】按钮，如图 3-119 所示。

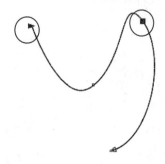

图 3-118　加选两个节点

图 3-119　单击【水平反射节点】按钮

步骤 02　选中右边的节点，向左拖动时，另一节点向与其相反的水平方向运动，如图 3-120 所示。同样，加选节点后，单击选项栏中的【垂直反射节点】按钮，节点向相反的垂直方向运动，如图 3-121 所示。

图 3-120　选中右边的节点向左拖动　　　　图 3-121　节点向相反的垂直方向运动

问题 2：如何绘制对称的对象并给其上色？

答：下面以对称苹果的制作方法为例讲解此知识点。

步骤 01　拖出一条辅助线，选择工具箱中【钢笔工具】，绘制苹果的左边部分，如图 3-122 所示。

步骤 02　选择工具箱中【选择工具】，将光标放到图 3-123 所示的左边控制点上，左手按住【Ctrl】键，右手按住鼠标左键，将对象向右拖动后单击鼠标右键，然后再释放【Ctrl】键和鼠标，效果如图 3-124 所示。

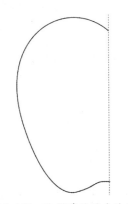 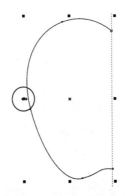 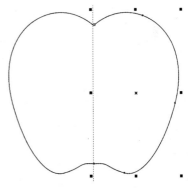

图 3-122　绘制苹果的左边部分　　　图 3-123　光标位置　　　图 3-124　复制并水平镜像图形

步骤 03　用【选择工具】，同时选中左右的两个对称图形。按【Ctrl+L】快捷键，将两条曲线结合为一个对象，如图 3-125 所示。但此对象不能填色，因为对象没有封闭。

步骤 04　选择工具箱中【形状工具】，框选图 3-126 所示的两个节点，单击选项栏中的【连接两个节点】按钮，结合节点。

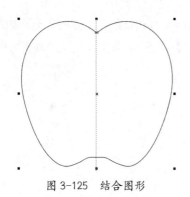

图 3-125　结合图形

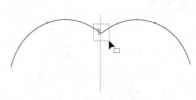

图 3-126　框选节点

步骤05　再框选图 3-127 所示的两个节点，单击选项栏中的【连接两个节点】按钮 ，合并节点。这样，苹果就是一个封闭对象，可以填色了，如图 3-128 所示。

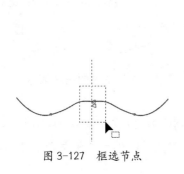

图 3-127　框选节点

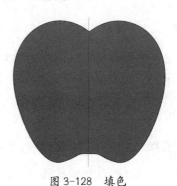

图 3-128　填色

上机实战——绘制条纹手提袋

　　学习完本章后，为了让读者能巩固本章知识点，下面讲解一个技能综合案例，使大家对本章的知识有更深入的了解。

效果展示

　　本例是绘制一个条纹手提袋，构图使用大小对比的方法，图形统一而富有变化。制作时先绘制手提袋的正面图形，再使用透视的方法制作立体效果，而不是直接绘制立体效果。

制作步骤

步骤01　选择工具箱中【钢笔工具】，绘制手提袋立体效果的基本形状，如图 3-129 所示。选择工具箱中【矩形工具】，绘制一个矩形，填充为浅黄色，去掉轮廓，如图 3-130 所示。

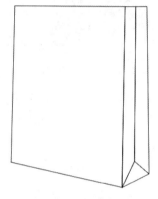

图 3-129　绘制基本图形

图 3-130　绘制矩形

步骤02　选择工具箱中【矩形工具】，绘制多个长矩形，分别填充为橘色、洋红、青色、黄色，如图 3-131 所示。

步骤03　再绘制几个小矩形，填充为不同的颜色，得到手提袋的正面图形，如图 3-132 所示。框选手提袋的正面图形，按【Ctrl+G】快捷键，将其组合。

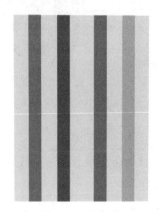

图 3-131　绘制多个矩形

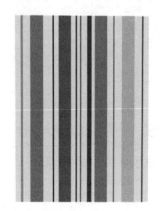

图 3-132　再绘制几个小矩形

温馨
提示

　　为保证所有矩形的高度一致，可以使用复制矩形后，再改变其宽度的方法。

步骤04　执行【对象】→【添加透视】命令，显示四个透视点，如图 3-133 所示，将透视点调整到手提袋立体效果图的正面图形上，如图 3-134 所示。

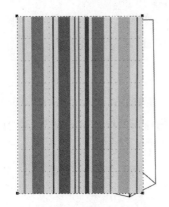

图 3-133　显示四个透视点

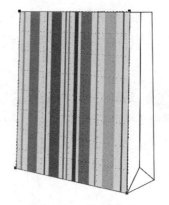

图 3-134　调整图形

步骤 05　填充手提袋侧面的三个图形为不同程度的橘色，体现其立体效果，如图 3-135 所示。

步骤 06　选择工具箱中【钢笔工具】🖋，绘制手提袋的绳子。颜色为棕色，轮廓宽度为 0.706mm，如图 3-136 所示。

步骤 07　按下【F7】键，绘制两个圆，填充圆的颜色为棕色，本例最终效果如图 3-137 所示。

图 3-135　填色

图 3-136　绘制曲线

图 3-137　最终效果

🌐 同步训练——绘制 Q 版人物

为了增强读者动手能力，下面安排一个同步训练案例，让读者达到举一反三、触类旁通的学习效果。

图解流程

思路分析

本例是绘制一个 Q 版人物，可用于卡片、标志、广告等设计中。首先绘制头，再绘制五官，再绘制身体，最后绘制项链，完成效果的制作。

关键步骤

步骤 01 　选择工具箱中【钢笔工具】 ，绘制 Q 版人物的头和帽子，填充脸和耳朵为肉色，帽子为蓝色，如图 3-138 所示。

步骤 02 　选择工具箱中【钢笔工具】 ，绘制Q版人物的头发，填充为黑色，如图 3-139 所示。

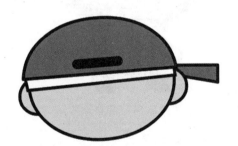

图 3-138　绘制 Q 版人物的头和帽子

图 3-139　绘制 Q 版人物的头发

步骤 03 　选择工具箱中【椭圆形工具】 ，绘制眼睛和腮红，如图 3-140 所示。选择工具箱中【钢笔工具】 ，绘制 Q 版人物的眉毛和嘴，调整图形的轮廓宽度，如图 3-141 所示。

图 3-140　绘制眼睛和腮红

图 3-141　绘制眉毛和嘴

步骤 04 　选择工具箱中【钢笔工具】 ，绘制身体图形，填充为白色，如图 3-142 所示。选择工具箱中【钢笔工具】◇，绘制手，填充为肉色，如图 3-143 所示。

图 3-142　绘制身体图形

图 3-143　绘制手

步骤 05　选择工具箱中【钢笔工具】◇，绘制卡通人物的腿，填充为红色，如图 3-144 所示。选择工具箱中【钢笔工具】◇，绘制项链，填充为黑色，最终效果如图 3-145 所示。

图 3-144　绘制卡通人物的腿

图 3-145　最终效果

📝 知识能力测试

本章介绍了如何在 CorelDRAW 中绘制直线和曲线，并详细介绍了曲线的编辑造形功能，为了对知识进行巩固和考核，下面布置相应的练习题。

一、填空题

1. 单击一个对象时，它的周围会出现 _____ 个方形控制点，两次单击一个对象后再拖动它的四角控制点可以进行 _____。

2. 用手绘工具绘制直线时，按住 _____ 键可以锁定 15° 的倍数。

3. HSB 模式中的 H 表示 _____。

二、选择题

1. 以下不能绘制线条的工具是（　　）。

A. 钢笔工具　　　　　　B. 手绘工具　　　　　　C. 形状工具　　　　　　D. 贝塞尔工具

2. 节点有三种形式，其中（　　）两端的指向线是相互独立的，可以单独调节节点两边的线段的长度和弧度。

A. 尖突节点　　　　　B. 平滑节点　　　　　C. 平均节点　　　　　D. 对称节点

三、简答题

1. 钢笔工具与贝塞尔工具有什么区别？

2. 艺术笔有哪些笔触？

CorelDRAW
2020

第4章
对象的填充与轮廓线的使用

　　丰富的色彩为大家带来了多姿多彩的世界，正是由于大自然的美好，才给了设计师创作的空间。设计师通过自己的灵感，将变化万千的色彩充分地应用到创作中，为原本静止的画面赋予了独特的生命力，呈现不同的感性色调。要很好地应用色彩，就需要掌握调配颜色和填充颜色的方法，本章将为读者详细介绍。

学习目标

- 熟练掌握标准填充的方法
- 熟练掌握渐变填充的方法
- 熟练掌握图案填充的方法
- 熟练掌握网状填充的方法
- 熟练掌握交互式填充的方法

4.1 标准填充

色彩对一个绘图作品来说是非常重要的，在 CorelDRAW 中，主要通过填充来完成图形对象的色彩设计，CorelDRAW 提供了多种色彩填充方式，其中标准填充是最简单的色彩填充方式，它也是最基础的色彩填充方式，用户必须掌握它的操作方法和使用技巧。

4.1.1 使用调色板填色

CorelDRAW 预置十多个调色板，可通过执行【窗口】→【调色板】命令将其打开，其中最常使用的是默认的 CMYK 调色板和默认 RGB 的调色板。

先选中填色的目标对象，再在调色板中选定的颜色上单击鼠标，就可以应用该颜色填充目标对象。

也可将调色板中的颜色拖曳至目标对象上，当光标变为 形状时松开，即可完成对对象的填充。

4.1.2 使用自定义标准填充

虽然 CorelDRAW 拥有十多个的默认调色板，但相对于数量上百万的可用颜色来说，也只是其中很少的一部分。很多情况下，都需要自行对标准填充所使用的颜色进行设定，用户可以通过在工具箱中打开【编辑填充】对话框来完成。其操作步骤如下。

步骤 01 选中要填色的目标对象，如图 4-1 所示。按【Shift+F11】快捷键，弹出【编辑填充】对话框，如图 4-2 所示。

步骤 02 在对话框的颜色窗口中，直观地选定所需的颜色，也可以在右侧通过准确的输入颜色值进行设置。单击【OK】按钮，就能应用所设定的颜色对对象进行填充，如图 4-3 所示。

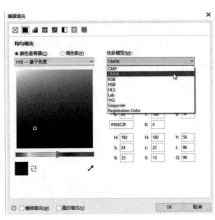

图 4-1　选中对象　　　　图 4-2　【编辑填充】对话框　　　　图 4-3　填充对象

4.1.3 用【颜色】泊坞窗填色

对单色图形的填充除了上述两种方法外，还可使用【颜色泊坞窗】来填充图形，它是标准填充的另一种形式。其操作步骤如下。

步骤 01 　选中对象，单击【窗口】→【泊坞窗】→【颜色】，就能在泊坞窗中设置精确的颜色参数，如图 4-4 所示。

步骤 02 　再单击【填充】按钮即可填充，如图 4-5 所示。

图 4-4　设置颜色

图 4-5　填充对象

4.1.4 使用滴管工具和油漆桶工具填充

在工具箱中提供了两种填充取色的辅助工具：滴管工具和油漆桶工具。使用此工具，可以将一种对象的颜色填充复制到另外一个图形对象上。

用这种取色方式，滴管工具会记录源对象的填充属性，包括标准填充、渐变填充、图案填充、底纹填充、PostScript 填充及位图的颜色，然后可使用油漆桶工具为目标对象进行相同的填充，类似于直接拷贝源对象的填充。其操作步骤如下。

步骤 01 　单击工具箱中的【颜色滴管工具】按钮 ，在源对象上任意位置单击鼠标吸取颜色，如图 4-6 所示。

步骤 02 　此时会自动切换到油漆桶工具，在目标对象上单击鼠标，如图 4-7 所示，即可将吸取的颜色填充到对象上，如图 4-8 所示。

图 4-6　吸取颜色

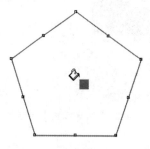

图 4-7　在目标对象上单击

图 4-8　填充对象

课堂范例——制作甲壳虫标志

步骤 01 选择工具箱中【椭圆形工具】○，绘制两个椭圆，选中左边的小椭圆，在选项栏中输入旋转角度为 -20 度，如图 4-9 所示。

步骤 02 左手按住【Ctrl】键，右手按住鼠标左键，将小椭圆移动到右边后按住鼠标右键，先松开鼠标右键，再松开【Ctrl】键，复制椭圆，如图 4-10 所示。

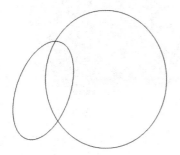

图 4-9　绘制两个椭圆

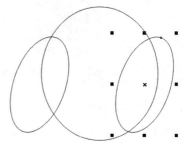

图 4-10　复制椭圆

步骤 03 单击选项栏中【水平镜像】按钮，将复制的椭圆水平镜像，如图 4-11 所示。选择工具箱中【选择工具】▶，同时框选两个小椭圆，按【Ctrl+G】快捷键将两个椭圆组合，如图 4-12 所示。

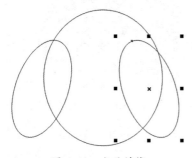

图 4-11　水平镜像

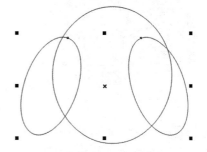

图 4-12　将两个椭圆组合

步骤 04 同时选中三个椭圆，按【C】快捷键，将大椭圆与组合的椭圆左右居中对齐，如图 4-13 所示。将作为甲壳虫身体的椭圆填充为青色，如图 4-14 所示。

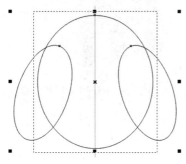

图 4-13　水平居中对齐

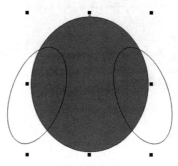

图 4-14　填色

步骤 05 选择工具箱中【智能填充工具】▲，在选项栏中选择绿色，如图 4-15 所示。在左边的位置单击，生成一个绿色的新图形，如图 4-16 所示。

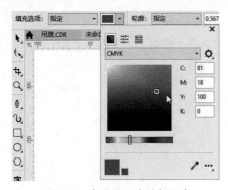

图 4-15 在选项栏中选择绿色

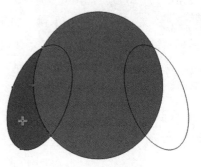

图 4-16 填充图形

步骤 06 在选项栏中选择洋红色，再在图 4-17 所示的位置单击，生成一个洋红色的新图形，如图 4-18 所示。

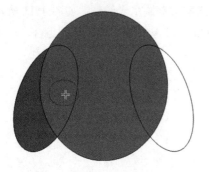

图 4-17 单击

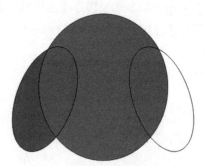

图 4-18 生成新图形

步骤 07 用相同的方法再生成两个新图形，如图 4-19 所示。按【F8】键，输入文字，字体为 Comic Sans MS，如图 4-20 所示。

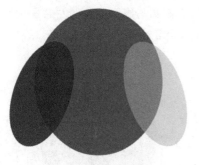

图 4-19 生成两个新图形

The Beetle

图 4-20 最终效果

4.2 填充对象

在 CorelDRAW 中填充的方式很多，其中渐变填充、图案填充、底纹填充等都能让图形有非常漂亮的变化，下面详细介绍这些填充的使用方法。

4.2.1 渐变填充

双击状态栏中【填充】按钮 ◇，打开【编辑填充】对话框，单击对话框中【渐变填充】按钮 ◢，显示渐变填充参数面板，如图 4-21 所示。

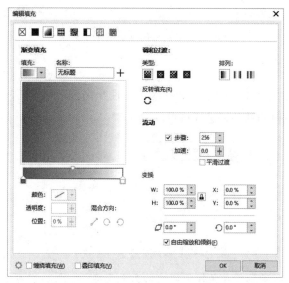

图 4-21　【编辑填充】对话框

1. 颜色类型

CorelDRAW 中的渐变类型主要提供了线性、椭圆、圆锥形和矩形等四种渐变填充方式，可以在【调和过渡】下单击需要的渐变填充方式，图 4-22 所示分别为双色填充的四种渐变效果。

　　线性渐变填充　　　　椭圆渐变填充　　　　圆锥形渐变填充　　　　矩形渐变填充

图 4-22　渐变填充方式

2. 调整和中点滑杆

面板中分别提供了两个颜色挑选器，用于选择渐变填充的起始色，中点滑杆用于设置两种颜色的中心点位置，图 4-23 所示为不同中间点时的同一渐变效果。

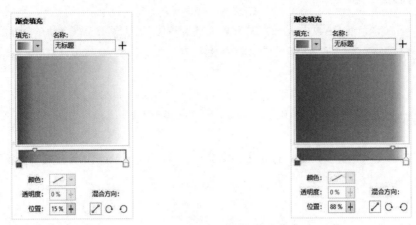

图 4-23　不同中间点时的渐变效果

3. 混合方向

在颜色调和选项栏中还为用户提供了选择颜色线性变化的三种方式，如图 4-24 所示。渐变中的取色将由线条曲线经过色彩的路径进行设置。

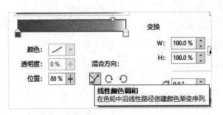

图 4-24　【混合方向】的三种方式

选择线性颜色调和，两种颜色在色轮上以直线方向渐变，如图 4-25 所示。选择顺时针颜色调和，两种颜色在色轮上以顺时针方向渐变，如图 4-26 所示。

图 4-25　直线方向渐变

图 4-26　顺时针方向渐变

4. 添加色块与改变色块颜色

将光标放到图 4-27 所示的位置双击鼠标，即可添加色块，如图 4-28 所示。

图 4-27 双击鼠标

图 4-28 添加色块

单击图 4-29 所示的【节点颜色】下拉按钮，在打开的对话框中可设置所需的颜色，即可改变当前色块的颜色，如图 4-30 所示。在已有的色块上双击鼠标，即可删除节点 。

图 4-29 单击下拉按钮

图 4-30 改变颜色

4.2.2 图案填充

双击状态栏中【填充】按钮 ◇，打开【编辑填充】对话框，在此对话框中有向量图样填充、位图图样填充、双色图样填充三种不同方式，如图 4-31 所示。

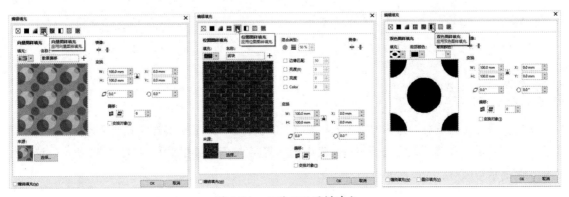

图 4-31 三种不同图样填充

- 双色图样填充：双色填充实际上就是为简单的图案设置不同的前景色和背景色来形成的填充效果，可以通过对前部和后部的颜色进行设置，来修改双色图样的颜色。
- 向量图样填充：在全色填充模式下，可以选择 CorelDRAW 提供的矢量图案样式进行填充。
- 位图图样填充：使用位图填充，可以用 CorelDRAW 准备的位图样式填充。

4.2.3 底纹填充

通过底纹填充，可以将模拟的各种材料底纹、材质或纹理填充到对象中，同时，还可以修改、编辑这些纹理的属性。

CorelDRAW 为用户提供了多种底纹样式，有水彩类、石材类等图案，可以在【底纹列表】中进行选择。在选定一种样式后，还可以在底纹填充对话框中调整各项参数，得到一些效果不同的底纹图案，图 4-32 所示为【底纹填充】对应的参数面板。

4.2.4 PostScript填充

PostScript 填充是由 Postscript 语言编写出来的一种底纹。可以通过参数选项栏设置生成的 PostScript 底纹的参数，以得到不同参数设置下的不同底纹效果，图 4-33 所示为【PostScript 填充】对应的参数面板。

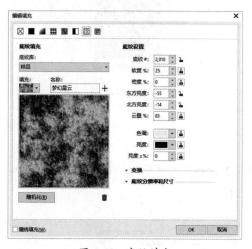

图 4-32　底纹填充

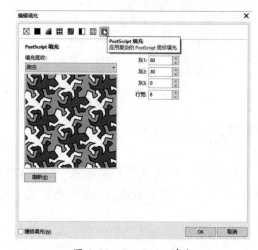

图 4-33　PostScript 填充

4.2.5 交互式填充工具

交互式填充工具是对以上各种填充工具集成后的快捷方式。它的操作方式非常灵活，只需要选取需要的图形后，在选项栏的选项下拉列表中选择需要的填充模式即可，如图 4-34 所示，选项栏选项中将显示与之对应的属性选项。

图 4-34 交互式填充工具选项栏

以填充渐变色为例讲解此工具的使用，其操作步骤如下。

步骤 01 单击工具箱中的【挑选工具】按钮，选中要填充的对象，如图 4-35 所示。

步骤 02 单击工具箱中【交互式填充工具】按钮，在选项栏中单击【渐变填充】按钮，填充渐变色，颜色为默认的白色到黑色的渐变。拖动起始色块可以调整角度，如图 4-36 所示。

步骤 03 将光标置于开始色块上，单击鼠标，将弹出图 4-37 所示的参数面板。

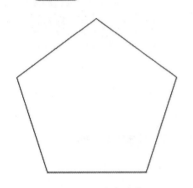

图 4-35 选中对象

图 4-36 射线渐变效果

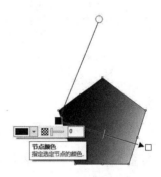

图 4-37 改变起点颜色

步骤 04 单击色块下拉列表，弹出颜色参数面板，如图 4-38 所示。选择不同颜色，即可改变开始色块的颜色，如图 4-39 所示。

图 4-38 颜色参数面板

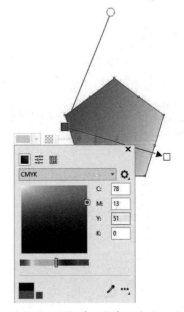

图 4-39 调整填充颜色的渐变效果

4.2.6　网状填充

网格填充是一种较为特殊的填充方式，它通过在物件上建立网格，然后在各个网格点上填充不同的颜色，从而得到一种特殊的填充效果。各个网格点上所填充的颜色会相互渗透、混合，能使填充物件更加自然、有层次感。其操作步骤如下。

步骤 01　按【F7】键选择，同时按住【Ctrl】键，绘制一个圆，如图 4-40 所示。

步骤 02　选择工具箱中【网状填充工具】 ，在选项栏中设置网格大小，参数设置如图 4-41 所示，网格如图 4-42 所示。

图 4-40　绘制圆

图 4-41　网状填充工具选项栏

步骤 03　在网格中双击可以添加网格，效果如图 4-43 所示。

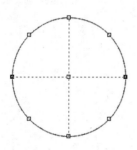

图 4-42　设置网络

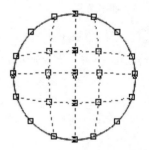

图 4-43　添加网格

步骤 04　框选图 4-44 所示的网点，在调色板中单击绿色色块，即可为该网点周围填充绿色的晕染颜色，如图 4-45 所示。

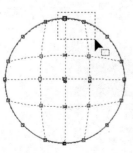

图 4-44　选中网点

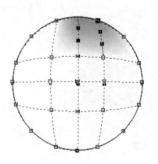

图 4-45　填充颜色

课堂范例——古扇的图案填充

步骤01 选择工具箱中【椭圆形工具】◯，按住【Ctrl】键的同时拖动鼠标，绘制一个圆，改变圆轮廓宽度为2.5mm，轮廓色为咖啡色，如图4-46所示。

步骤02 双击状态栏中【填充】按钮◈，打开【编辑填充】对话框，单击对话框中【双色图样填充】按钮▣，单击【填充】下拉按钮，选择图4-47所示的图样。

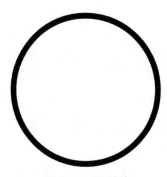

图 4-46 绘制圆

图 4-47 选择图案

步骤03 分别改变前景色与背景色为深蓝和浅蓝，如图4-48所示。单击【OK】按钮，得到图4-49所示的效果。

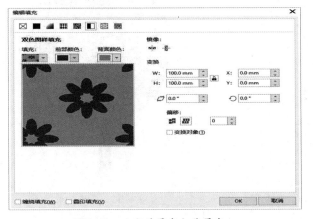

图 4-48 改变前景色与背景色

图 4-49 填充图案

步骤04 拖出一条垂直辅助线，选择工具箱中【钢笔工具】🖊，绘制图4-50所示的图形。将光标放在左边的控制点上，如图4-51所示，左手按住【Ctrl】键，右手按住鼠标左键，将图形拖动到右边后按住鼠标右键，先松开鼠标右键，再松开【Ctrl】键，复制图形，如图4-52所示。选择工具箱中【选择工具】▶，同时框选左右的两个图形，按【Ctrl+L】快捷键结合图形，如图4-53所示。

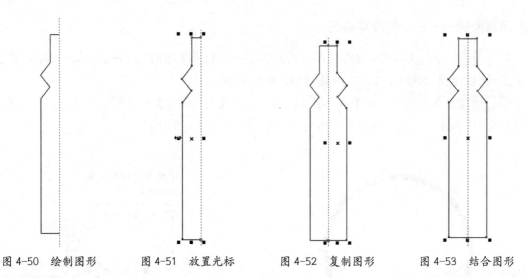

图 4-50　绘制图形　　　　图 4-51　放置光标　　　　图 4-52　复制图形　　　　图 4-53　结合图形

步骤 05　选择工具箱中【形状工具】🖊，框选图 4-54 所示的两个节点，单击选项栏中【连接两个节点】按钮🔗，连接节点。

步骤 06　再框选图 4-55 所示的两个节点，单击选项栏中【连接两个节点】按钮🔗，连接节点。将图形填充为咖啡色，去掉轮廓，最终效果如图 4-56 所示。

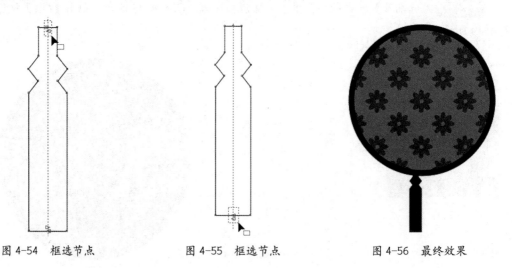

图 4-54　框选节点　　　　　　图 4-55　框选节点　　　　　　图 4-56　最终效果

4.3 轮廓线的使用

选中对象，双击状态栏中【轮廓工具】🖊或按【F12】快捷键，打开图 4-57 所示的【轮廓笔】对话框。

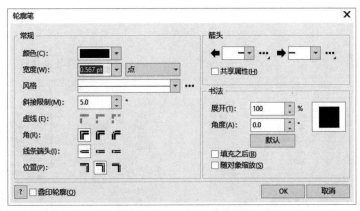

图 4-57 【轮廓笔】对话框

4.3.1 精确设置轮廓线的颜色

在调色板中右击鼠标可以改变轮廓的颜色，如果要精确设置轮廓线的颜色，可以使用【轮廓笔】对话框。设置轮廓线的颜色的操作步骤如下。

单击对话框中的轮廓色下拉按钮，弹出如图 4-58 所示的【轮廓色】对话框。在对话框中设置好轮廓的颜色后，单击【OK】按钮即可改变轮廓色。

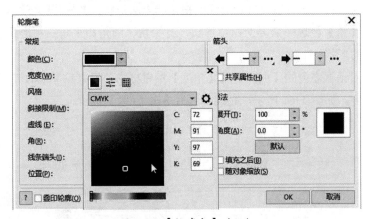

图 4-58 【轮廓色】对话框

4.3.2 设置轮廓线的粗细及样式

在【轮廓笔】对话框可以设置轮廓线的粗细及样式，其操作步骤如下。

步骤 01 选中对象，按【F12】快捷键，打开【轮廓笔】对话框。

步骤 02 在【宽度】下拉列表框中选择轮廓线的粗细，如图 4-59 所示，也可以在文本框中直接输入需要的轮廓宽度。

步骤 03 单击【样式】下拉按钮，选择轮廓线的样式，如图 4-60 所示。单击【OK】按钮，完成轮廓线的粗细及样式的设置。

选择轮廓宽度

选择轮廓样式

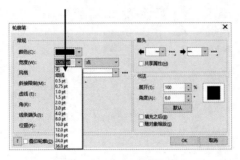

图 4-59　选择轮廓宽度

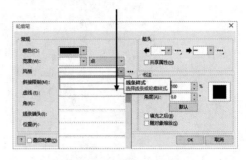

图 4-60　选择轮廓样式

技能
拓展　　选中对象，在对象的选项栏中，可以快捷地设置轮廓线的宽度。

4.3.3　设置轮廓线的拐角和末端形状

在【轮廓笔】对话框中还可以设置轮廓线的拐角和末端形状，其操作如下。

步骤 01　在【角】栏选择需要的拐角形状，有尖角、圆角和平角三种形状。在【线条端头】栏选择轮廓线线端的形状。

步骤 02　在对话框右侧的【展开】及【角度】增量框中，设置轮廓线的展开程度和绘制线条时笔尖与页面的角度。如图 4-61 所示，完成设置后单击【OK】按钮。

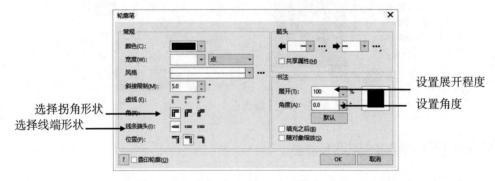

图 4-61　【轮廓笔】对话框

4.3.4　设置箭头样式

在【轮廓笔】对话框中还可以设置轮廓线的箭头样式。选中对象，在对话框右上方的【箭头】下拉列表框中选择箭头样式即可，如图 4-62 所示。

用户还可以在选择箭头样式后对样式进行编辑,单击【箭头】下拉列表框中的【...】按钮,选择菜单中的【新建】命令,打开【箭头属性】对话框,如图 4-63 所示,拖动节点及控制点编辑箭头的形状,完成后单击【OK】按钮。

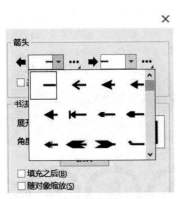

图 4-62　选择箭头样式

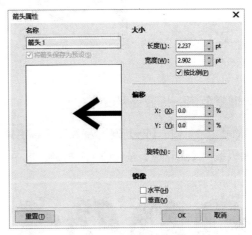

图 4-63　【箭头属性】对话框

4.3.5　设置后台填充和比例缩放

轮廓的默认位置位于填充对象的前面,勾选【轮廓笔】对话框中的【填充之后】复选框,如图 4-64 所示,轮廓就会以 50% 的宽度位于填充对象的后面,从而提高图形对象的清晰度,图 4-65 所示为填充前后的对比效果。

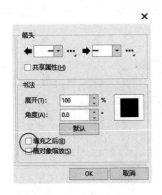

图 4-64　【轮廓笔】对话框

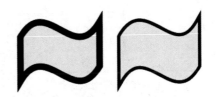

图 4-65　设置填充之后前后的对比效果

勾选【轮廓笔】对话框中的【随对象缩放】复选框,在对图形对象进行缩放操作时,轮廓线的粗细会随之成比例地改变。反之,轮廓线的粗细不会随对象大小的变化而变化,图 4-66 所示为填充前后的对比效果。

未选中复选框的效果　　　　　　　　　　　　　　选中复选框的效果

图 4-66　对比效果

📖 课堂范例——双线条文字设计

步骤 01　按【F8】键，输入文字，字体为 Impact，字体大小为 90mm，如图 4-67 所示。单击调色板中【无轮廓】按钮□，右击调色板中黑色图标，改变轮廓宽度为 5mm，如图 4-68 所示。

图 4-67　输入文字　　　　　　　　　　　　图 4-68　制作镂空文字

步骤 02　执行【对象】→【将轮廓转换为对象】命令，将轮廓转换为普通对象。单击调色板中【无轮廓】按钮□，右击调色板中黑色图标，得到双条线，如图 4-69 所示。

步骤 03　按【F12】键，打开【轮廓笔】对话框，设置轮廓宽度为 1mm，颜色为洋红，选择样式为虚线，单击【OK】按钮，得到如图 4-70 所示的效果。

图 4-69　得到双条线　　　　　　　　　　　图 4-70　虚线文字

步骤 04　将光标放到图 4-71 所示的位置，按【Alt】键单击选中隐藏的文字，如图 4-71 所示。右击调色板中蓝色图标，设置线宽为 1mm，最终效果如图 4-72 所示。

图 4-71 按【Alt】键在光标处单击

图 4-72 最终效果

课堂问答

在学习了本章的对象的填充与轮廓线的使用后，还有哪些需要掌握的难点知识呢？下面将为读者讲解本章的疑难问题。

问题1：使用网状填充工具为复杂的图形上色需要注意些什么？

答：网状填充工具填充的图形有四个关键点，控制着网格的走向。下面以香蕉的填色为例介绍使用网状填充工具为复杂的图形上色的方法。

步骤01 图 4-73 所示为钢笔工具绘制的图形，选择工具箱中【网状填充工具】，显示网格的走向，如图 4-74 所示。

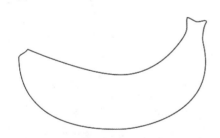

图 4-73 绘制图形

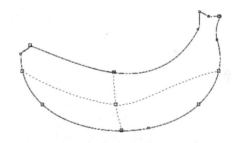

图 4-74 显示网格的走向

步骤02 选择工具箱中【形状工具】，框选所有网点，如图 4-75 所示。按【Delete】键，删不掉的四个网点为控制点，如图 4-76 所示。

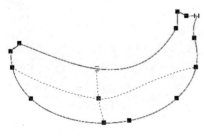

图 4-75 框选所有网点

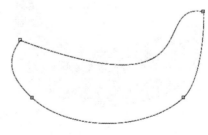

图 4-76 控制点

那么，如何使网点的控制点放在想要的位置呢？可以借助矩形工具来操作，具体方法如下。

步骤 01　选择工具箱中【钢笔工具】，绘制香蕉图形，如图 4-77 所示。选择工具箱中【矩形工具】，绘制一个矩形，选择工具箱中【网状填充工具】，设置网格为 2 行 3 列，如图 4-78 所示。

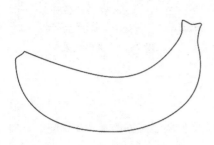

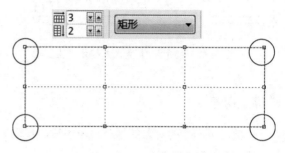

图 4-77　绘制香蕉图形　　　　　　　　　　图 4-78　绘制矩形并显示网格

步骤 02　执行【查看】→【线框】命令，将矩形与香蕉图形重叠，调整矩形的形状与香蕉图形一样，矩形的四个控制点对应香蕉的四个控制点，如图 4-79 所示。

步骤 03　执行【查看】→【增强】命令，选择工具箱中【形状工具】，框选所有的节点，如图 4-80 所示。

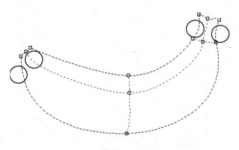

图 4-79　将矩形与香蕉图形重叠　　　　　　图 4-80　框选所有的节点

步骤 04　填充香蕉颜色为黄色，如图 4-81 所示。将光标放到图 4-82 所示的位置，双击鼠标，添加节点。

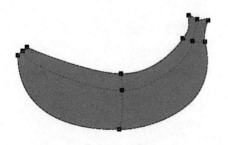

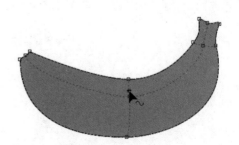

图 4-81　填充香蕉颜色为黄色　　　　　　　图 4-82　放置光标

步骤 05 按住【Shift】键，加选图 4-83 所示的节点，填充节点为浅黄色，沿网线填充的图形效果如图 4-84 所示。

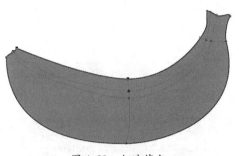

图 4-83 加选节点

图 4-84 沿网线填充

问题 2：图案可以载入 CorelDRAW 使用吗?

答：在 CorelDRAW 中可将图案载入软件中使用，其具体操作方法如下。

步骤 01 选中对象，双击状态栏中【填充】按钮 ◇，打开【编辑填充】对话框，单击对话框中【向量图样填充】按钮 ，单击图案下拉按钮，在弹出的列表中单击【选择】按钮，如图 4-85 所示。在打开的【导入】对话框中选择图案，如图 4-86 所示。

图 4-85 单击【选择】按钮

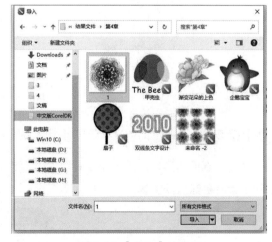

图 4-86 【导入】对话框

步骤 02 单击【导入】对话框中的【导入】按钮，图案载入【编辑填充】对话框中，如图 4-87 所示。单击【OK】按钮，填充图案，如图 4-88 所示。

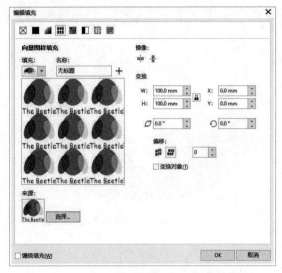

图 4-87　图案载入【编辑填充】对话框中

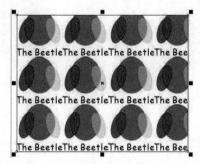

图 4-88　填充图案

问题3：如何查看当前单色对象的颜色值？

答：选中图 4-89 所示的对象，在状态栏中可以查看对象的颜色值，如图 4-90 所示。

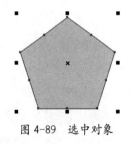

图 4-89　选中对象

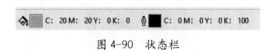

图 4-90　状态栏

上机实战——立体企鹅宝宝的上色

学完本章的内容后，为了让读者能巩固本章知识点，下面讲解一个技能综合案例，使大家对本章的知识有更深入的了解。

效果展示

思路分析

本例将绘制企鹅，通过本实例的学习，读者可以掌握制作立体感卡通动物的方法，本实例首先使用钢笔工具绘制企鹅的形状，再使用渐变色、单色的填充方法为企鹅填色。

制作步骤

步骤 01 选择工具箱中【钢笔工具】 ，绘制企鹅形状，如图 4-91 所示。选择企鹅身体的图形，为其应用椭圆形渐变填充，分别设置几个位置点的颜色为不同程度的蓝色，如图 4-92 所示。单击【OK】按钮，得到图 4-93 所示的效果。

图 4-91 绘制企鹅形状

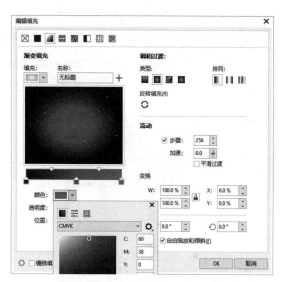

图 4-92 为其应用椭圆形渐变填充

步骤 02 将企鹅的肚子填充为白色，眼睛填充为黑色，如图 4-94 所示。

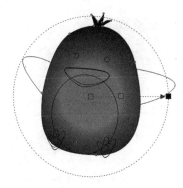

图 4-93 填色

图 4-94 为企鹅眼睛和肚子填色

步骤 03 选中企鹅的嘴，为其应用椭圆形渐变填充，分别将颜色设置为黄色和橘色，如图 4-95 所示。 选中嘴下面的图形，填充为更深的颜色，如图 4-96 所示。

图 4-95 为其应用椭圆形渐变填充

图 4-96 填色

步骤 04 选中企鹅的手，为其应用椭圆形渐变填充，填充不同程度的蓝色，如图 4-97 所示。选中左边的手，用鼠标右键将图形移到右边的图形上，如图 4-98 所示。

图 4-97 为手应用椭圆形渐变填充

图 4-98 复制属性到右手

步骤 05 释放鼠标，在弹出的快捷菜单中选择【复制填充】命令，复制填充色，如图 4-99 所示。为企鹅的脚填色，如图 4-100 所示。

图 4-99 复制填充色

图 4-100 填色

步骤 06 选中脚，将脚移到一定位置后单击鼠标右键，复制脚，如图 4-101 所示，最终效果如图 4-102 所示。

图 4-101　复制脚

图 4-102　最终效果

🌐 **同步训练——渐变花朵的上色**

为了增强读者动手能力，下面安排一个同步训练案例，让读者达到举一反三、触类旁通的学习效果。

图解流程

思路分析

本例是制作一个渐变花朵的上色，先绘制花朵，为花朵上色，使用透明度工具调整颜色，再绘制叶子并为其上色。最后复制并调整花朵大小，再将花朵调淡一些。

关键步骤

步骤01　选择工具箱中【钢笔工具】🖊，绘制花的基本图形。填充为不同深浅的粉色，如

图 4-103 所示。

步骤 02 选择工具箱中【透明度工具】🎞，单击选项栏中【均匀透明度】按钮▣，设置透明度为 67，得到如图 4-104 所示的透明效果。

图 4-103 绘制花的基本图形

图 4-104 透明效果

步骤 03 在花瓣下面绘制图形，填充为更深的颜色，如图 4-105 所示。绘制花蕊图形，填充为不同深浅的黄色，使其更有层次感，如图 4-106 所示。

图 4-105 在花瓣下面绘制图形

图 4-106 绘制花蕊图形

步骤 04 在花蕊下面绘制图形，填充为更深的颜色，如图 4-107 所示。绘制叶子图形，分别填充为黄色和绿色，如图 4-108 所示。

图 4-107 在花蕊下面绘制图形

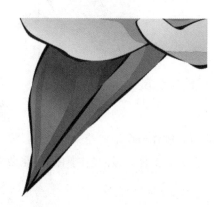

图 4-108 绘制叶子图形

步骤 05 复制叶子，将其旋转一定角度，如图 4-109 所示。再复制一朵花，执行【效果】→【调整】→【色度/饱和度/亮度 】命令，打开【色度/饱和度/亮度 】对话框，参数设置如图 4-110 所示。单击【OK】按钮，得到图 4-111 所示的效果。

图 4-109　复制叶子

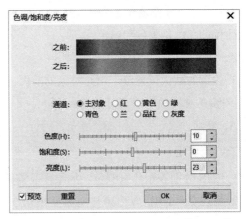

图 4-110　【色度 / 饱和度 / 亮度】对话框

步骤 06 改变花的大小并旋转其角度，按【Shift+Pagedown】快捷键，将其调整到最下面一层，最终效果如图 4-112 所示。

图 4-111　调整亮度

图 4-112　最终效果

知识能力测试

本章讲解了图像的绘制与修饰的常用工具，为对知识进行巩固和考核，下面布置相应的练习题。

一、填空题

1. 选中对象按 _____ 键可以打开编辑填充对话框。

2. 在 CorelDRAW 中有四种渐变填充的类型，分别是 _____、_____、_____ 和 _____。

3. 调出轮廓笔对话框的快捷键是 _____。

二、选择题

1. 添加色块时,用户可以在渐变色彩轴上(   )增加控制点,然后在调色板中设置颜色。

A. 单击左键   B. 双击左键   C. 双击右键   D. 单击右键

2.(   )渐变填充是将选定的颜色分别置于混合的两边,然后逐渐向中心调和两种颜色,默认的两种调和色是黑色和白色。

A. 线性   B. 椭圆形   C. 圆锥形   D. 矩形

3. 轮廓的默认位置位于填充对象的前面,勾选【轮廓笔】对话框中的(   )复选框,轮廓就会以 50% 的宽度位于填充对象的后面。

A. 减细   B. 填充之后   C. 加粗   D. 箭头

三、简答题

1. RGB 分别表示什么颜色?如果作品需要打印最好用什么模式?

2. 简述 CorelDRAW2020 中有哪些填充方式?

CorelDRAW
2020

第5章
对象的编辑

对象的编辑包括焊接对象、修剪对象、相交对象等。除此之外，还应该掌握对象顺序的调整、组合对象与结合对象的操作等。本章将为读者详细介绍编辑对象的方法。

学习目标

- 熟练掌握对象的造形方法
- 熟练掌握调整对象顺序的方法
- 熟练掌握组合对象与结合对象的方法
- 熟练掌握对齐与分布对象的方法
- 熟练掌握精确变换对象的方法
- 熟练掌握修改对象的方法

5.1 对象的造形

CorelDRAW 具有强大的造形功能，焊接、修剪和相交这三个命令是其中最基本的命令。

执行【对象】→【造形】→【形状】命令，打开【形状】泊坞窗，在此面板中有与造形菜单中相对应的七个功能选项，如图 5-1 所示。同时选中两个以上的对象，在选项栏也会有造形命令的七个按钮，如图 5-2 所示。

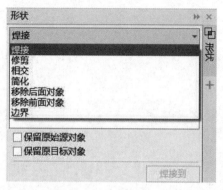

图 5-1　形状泊坞窗

图 5-2　选项栏上的形状命令按钮

在形状泊坞窗中，有【保留原始源对象】和【保留原目标对象】两个选项。先选择的对象为原始源对象，后选择的对象为目标对象。在造形操作中，原始对象可以有多个，而目标对象只能有一个。如果原始源对象和目标对象的属性不一样，包括填充属性、轮廓属性等，最后得出的新对象的属性由目标对象决定。

5.1.1　焊接对象

焊接对象的具体操作的方法如下。

步骤 01　选择需要焊接的多个对象，如图 5-3 所示。

步骤 02　单击选项栏上的【焊接】按钮，即可将对象焊接在一起，如图 5-4 所示。

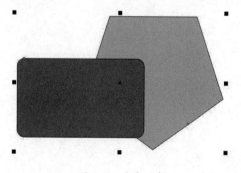

图 5-3　选中对象

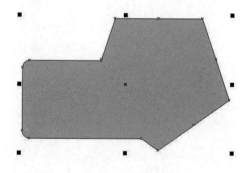

图 5-4　焊接对象

温馨提示
焊接命令用于将两个或多个重叠或分离的对象焊接在一起，从而形成一个单独的对象。

若要保留原始源对象或原目标对象，则可用【形状】泊坞窗进行造形操作，方法如下。

步骤 01 选择原始源对象，如图 5-5 所示。

步骤 02 在形状泊坞窗中的下拉列表中选择【焊接】选项命令并勾选【保留原始源对象】复选框，单击【焊接到】按钮，如图 5-6 所示，然后单击目标对象，如图 5-7 所示，即可焊接目标对象，移开焊接对象可看到保留了源对象，如图 5-8 所示。

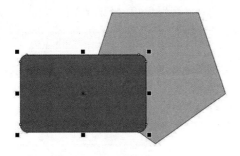

图 5-5 选择源对象

图 5-6 【形状】泊坞窗

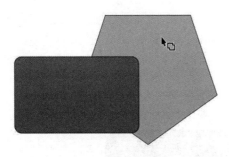

图 5-7 单击目标对象

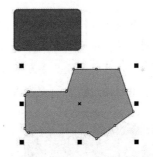

图 5-8 焊接并保留源对象

焊接后得到的物件是一个单独的新物件。如果焊接的多个对象之间没有相互重叠，那么在焊接完成后，还可以使用【对象】菜单下【拆分曲线】命令将其分割成焊接前的对象；如果焊接前的对象相互重叠，其相交部分的轮廓会消失，成为一个具有完整外框轮廓的新对象，无法再使用【拆分】命令进行分割。

5.1.2 修剪对象

修剪对象的具体操作的方法如下。

步骤 01 选择两个对象，如图 5-9 所示。

步骤 02 单击【移除前面的对象】按钮，即可修剪目标对象，效果如图 5-10 所示。

当然，也可用【形状】泊坞窗进行修剪操作。

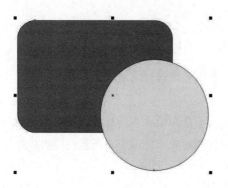

图 5-9　选中对象　　　　　　　　　　　图 5-10　修剪对象

　　修剪命令用于将一个对象中多余的部分剪掉。修剪的两个对象必须是重叠的，修剪后的对象将保留目标对象的属性。

　　CorelDRAW 里的前后关系可以理解为上下关系，上面的对象为后，下面的对象为前（因为默认先画的在下后画的在上）。

5.1.3　相交对象

相交对象的具体操作的方法如下。

步骤 01　选择两个对象，单击【相交】按钮，如图 5-11 所示。

步骤 02　用【选择工具】拖出相交后的图形，效果如图 5-12 所示。

当然，也可用【形状】泊坞窗进行修剪操作。

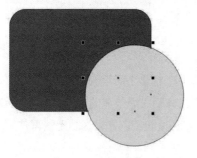

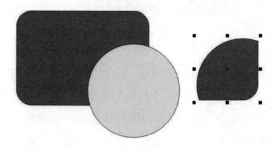

图 5-11　相交对象　　　　　　　　　　　图 5-12　拖出相交生成的对象

　　使用相交命令可以提取源对象和目标对象之间重叠的部分，使它成为一个单独的新对象。新对象的属性取决于目标对象的属性。如果目标对象与源对象并未相交，就无法使用此命令。

课堂范例——制作彩条苹果图形

步骤 01 从标尺拖出一条垂直辅助线，选择工具箱中【钢笔工具】，绘制苹果左边线条，如图 5-13 所示。选择工具箱中【选择工具】，选中对象，将光标放到左中控制点上。左手按住【Ctrl】键，右手按住鼠标左键，将对象向右拖动后单击鼠标右键，然后再释放【Ctrl】键和鼠标左键，效果如图 5-14 所示。

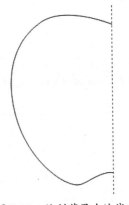

图 5-13 绘制苹果左边线条

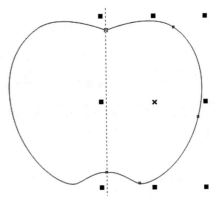

图 5-14 镜像复制图形

步骤 02 同时选中左右的苹果线条，按【Ctrl+L】快捷键，结合图形，如图 5-15 所示。

步骤 03 利用【形状工具】框选曲线上两个不相连的节点，如图 5-16 所示。单击属性选项栏中的【连接两个节点】按钮，即可将所选的两个节点连接在一起。

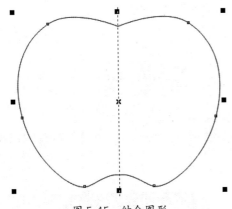

图 5-15 结合图形

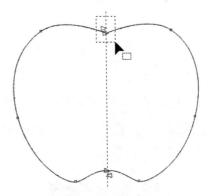

图 5-16 框选节点

步骤 04 再框选图 5-17 所示的两个节点，单击属性选项栏中的【连接两个节点】按钮，即可将所选的两个节点连接在一起。

步骤 05 双击状态栏中【填充】按钮，打开【编辑填充】对话框，单击对话框中【渐变填充】按钮，显示渐变填充参数面板，单击填充下拉列表，弹出如图 5-18 所示的测试图样。

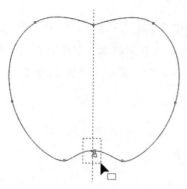

图 5-17 连接两个节点

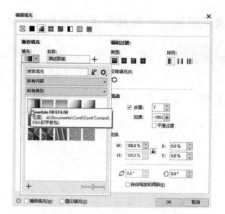

图 5-18 【编辑填充】对话框

步骤 06 设置【旋转】为 90 度，【步骤】为 6，如图 5-19 所示。逐个改变色块的颜色，如图 5-20 所示。

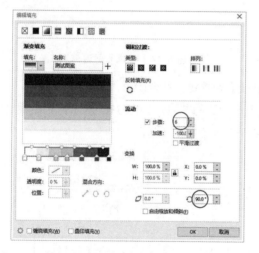

图 5-19 将测试图样设置【步骤】为 6 并旋转 90 度

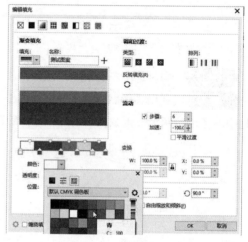

图 5-20 改变色块的颜色

步骤 07 单击【OK】按钮，填充图形颜色，如图 5-21 所示。选择工具箱中【椭圆形工具】 ○，绘制椭圆，如图 5-22 所示。

图 5-21 填充图形颜色

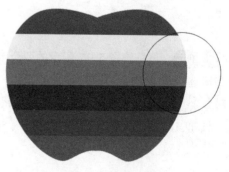

图 5-22 绘制椭圆

步骤 08 同时选中椭圆与苹果图形，单击选项栏中【移除前面对象】按钮 ，修剪对象，如图 5-23 所示。

步骤 09 选择工具箱中【钢笔工具】 ，绘制苹果叶子，填充为绿色，如图 5-24 所示。

图 5-23 移除前面对象

图 5-24 绘制苹果叶子

5.2 调整对象顺序

CorelDRAW 在创建对象时，是按创建对象的先后顺序排列在页面中的，最先绘制的对象位于最底层，最后绘制的对象位于最上层。在绘制过程中，多个对象重叠在一起时，上面的对象会将下面的对象遮住。在 CorelDRAW 中可以执行【对象】→【顺序】命令调整图形的顺序。

5.2.1 【到图层前面】和【到图层后面】命令

选择工具箱中【选择工具】 ，选中对象如图 5-25 所示。执行【对象】→【顺序】→【到图层前面】命令或按【Shift+PageUp】快捷键，可以快速地将对象移到最前面，如图 5-26 所示。

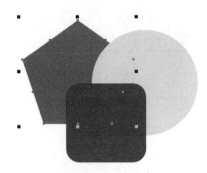

图 5-25 选中对象

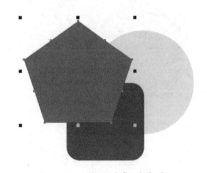

图 5-26 移动对象到最前面

选择工具箱中【选择工具】 ，选中对象如图 5-27 所示。执行【对象】→【顺序】→【到图层后面】命令或按【Shift+PageDown】快捷键，可以快速地将对象移到最后面，如图 5-28 所示。

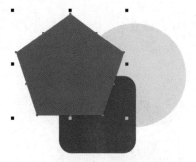

图 5-27　选中对象

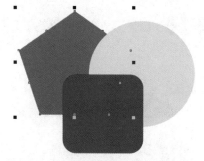

图 5-28　移动对象到后面的效果

5.2.2　【向前一层】和【向后一层】命令

选中对象，如图 5-29 所示。单击【向前一层】命令或按【Ctrl+PageUp】快捷键，可以使选中的对象上移一层，如图 5-30 所示。

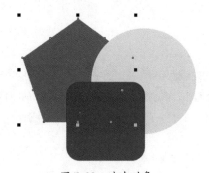

图 5-29　选中对象

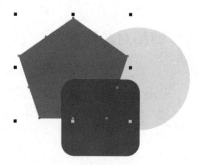

图 5-30　执行【向前一层】命令

选中对象，如图 5-31 所示。单击【向后一层】命令或按【Ctrl+PageDown】快捷键，可以使选中的对象下移一层，如图 5-32 所示。

图 5-31　选中对象

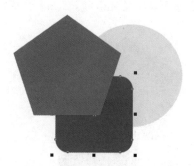

图 5-32　执行【向后一层】命令

5.2.3 【置于此对象前】和【置于此对象后】命令

选中对象，如图 5-33 所示。单击【置于此对象前】命令后，光标变为 ▸ 形状时，将光标放到另一对象上，单击鼠标，选中的对象就移到了另一对象的上面，如图 5-34 所示。

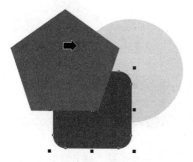

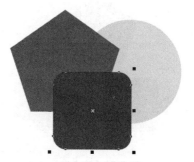

图 5-33　将光标放到另一对象上　　　　　　　图 5-34　执行【置于此对象前】命令

选中对象，如图 5-35 所示。单击【置于此对象后】命令后，光标变为 ▸ 形状时，把光标放到另一对象上，单击鼠标，选中的对象就移到了另一对象的下面，如图 5-36 所示。

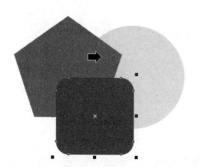

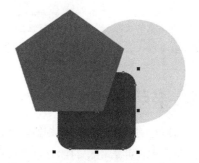

图 5-35　将光标放到另一对象上　　　　　　　图 5-36　执行【置于此对象后】命令

5.3 组合对象与结合对象

组合对象是将多个对象或一个对象的各个组成部分组合成一个整体，结合是将多个不同的对象结合为一个对象，下面将分别介绍。

5.3.1 组合对象

组合对象就是将多个对象或一个对象的各个组成部分组合成一个整体，组合对象后的对象是一个整体对象。

选择工具箱中【选择工具】 ，在页面中框选两个或两个以上的对象。执行【对象】→【组合】→【组合】命令或按【Ctrl+G】快捷键即可组合对象。

组合对象后当填充或移动某个对象时，组合对象中的其他对象也会被填充或移动。选中如图 5-37 所示的两个图形，按【Ctrl+G】组合键将它们移动，移动其中一个图形，另一个图形也随之移动，如图 5-38 所示。

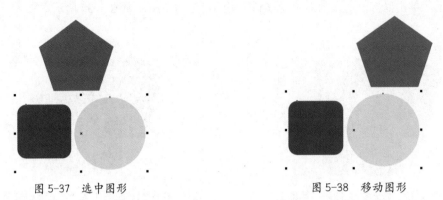

图 5-37　选中图形　　　　　　　　　　　　　图 5-38　移动图形

执行【对象】→【取消组合对象】命令或单击选取工具选项栏中的【取消组合对象】按钮或【取消全部组合对象】按钮，都可以取消组合对象。

> **温馨提示**　组合的对象再次组合，称为"嵌套组合"。【取消组合对象】(快捷键是【Ctrl+U】)只能取消上一次的组合，【取消全部组合对象】则取消无论什么时候创建的所有组合。

5.3.2　合并对象

合并与组合对象的功能比较相似，不同的是合并对象是一个全新的造形整体。在合并前有颜色填充的对象，在合并后相交的部分将会被剪切掉。具体操作方法如下。

步骤 01　选择工具箱中【选择工具】，在页面中同时选中两个或两个以上的对象，如图 5-39 所示。

步骤 02　执行【对象】→【合并】命令，或单击选项栏中的【合并】按钮，则最后生成的对象会保留所选对象中位于最下层的对象的内部填色、轮廓色及轮廓线粗细等属性，当需要合并的对象之间有重叠的部分，则合并后仅保留其轮廓线，重叠的部分将成为镂空，如图 5-40 所示。

选中合并后的对象，执行【对象】→【拆分】命令或单击选取工具选项栏上的【拆分】按钮或按【Ctrl+K】快捷键，可以将合并的对象拆分为独立的对象，如图 5-41 所示。对象拆分后被分离成合并前的单独对象状态。

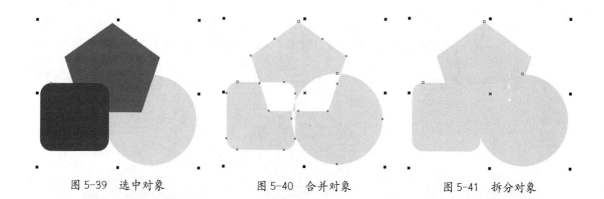

图 5-39　选中对象　　　　图 5-40　合并对象　　　　图 5-41　拆分对象

5.4 对齐与分布对象

当页面上有多个对象时，通常需要将这些对象进行对齐和整齐分布操作，CorelDRAW 提供了对齐和分布功能，通过它可以方便地组织和排列对象，使画面更整齐、美观。

5.4.1　对齐对象

使用 CorelDRAW 提供的对齐功能，可以使多个对象在水平或垂直方向上对齐。具体操作方法如下。

步骤 01　选择工具箱中【选择工具】 ，在页面中同时选中两个或两个以上的对象，如图 5-42 所示。

步骤 02　执行【对象】→【对齐与分布】命令，打开【对齐与分布】对话框，也可以单击选项栏中的【对齐与分布】按钮 打开对话框，如图 5-43 所示。

图 5-42　选中多个对象

图 5-43　【对齐与分布】对话框

步骤 03　在【对齐】选项卡，设置选择对象在水平或垂直方向上的对齐方式。其中水平方向上提供了左、中、右三种对齐方式，垂直方向上提供了顶端、中部、底端三种对齐方式，如图 5-44 所示。

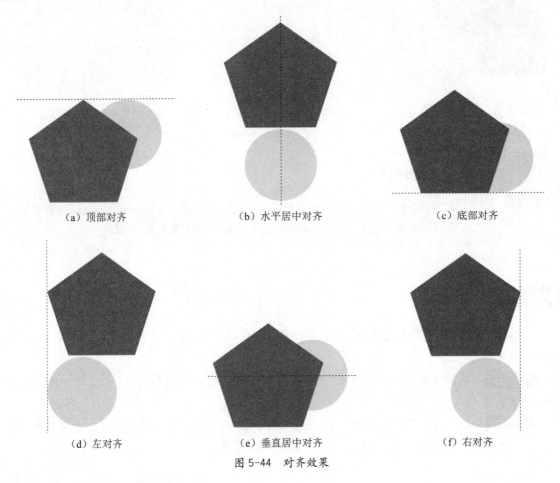

|（a）顶部对齐 | （b）水平居中对齐 | （c）底部对齐 |
|（d）左对齐 | （e）垂直居中对齐 | （f）右对齐 |

图 5-44　对齐效果

5.4.2　分布对象

使用 CorelDRAW 提供的分布功能，可以使多个对象在水平或垂直方向上成规律分布。其操作方法如下。

步骤 01　选择工具箱中【选择工具】，在页面中同时选中两个或两个以上的对象，如图 5-45 所示。

步骤 02　单击选项栏中的【对齐与分布】按钮，打开【对齐与分布】对话框，单击【左分散排列】按钮，如图 5-46 所示。

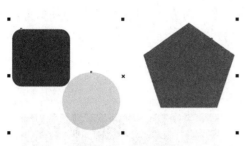

图 5-45　选中对象

图 5-46　对齐和分布对话框

步骤 03 对象以左边为参照分布排列，如图 5-47 所示。可以在【分布】选项卡中选择需要的分布方式，如顶部、水平居中、上下间隔、底部、左、垂直居中、左右间隔、右，并且它们可以组合使用。

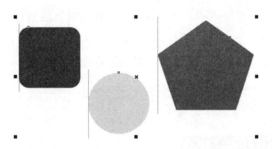

图 5-47　以左边为参照分布排列

温馨
提示

对齐的快捷键是英语的首字母：左 L 右 R 水平居中 C；顶 T 底 B 垂直居中 E；页面 P。分布的快捷键则是【Shift+ 对齐】，如左对齐为【Shift+L】，其他以此类推。

课堂范例——制作工作牌

步骤 01 按【F6】键，绘制一个圆角矩形，圆角半径为 3mm，填充为白色，轮廓色为灰色，如图 5-48 所示。再绘制一个矩形，填充为蓝色，去掉轮廓，如图 5-49 所示。

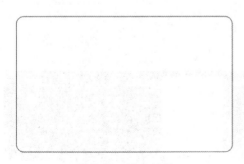

图 5-48　圆角矩形

图 5-49　绘制一个矩形

步骤 02 选择工具箱中【钢笔工具】，绘制两组装饰图形，分别填充为青色和浅灰色，去掉轮廓，如图 5-50 所示。选择工具箱中【透明度工具】，分别为两组图形应用透明效果，在选项栏透明度类型中选择【线性渐变透明】，如图 5-51 所示。

图 5-50　绘制两组装饰图形

图 5-51　应用透明效果

步骤 03 同时选中两组装饰图形与蓝色矩形，按【Ctrl+G】快捷键，将其组合。按住鼠标右键，将组合对象图形拖动到圆角矩形中，当光标变为形状时释放鼠标，在弹出的快捷菜单中选择【Power Clip 内部】命令，编辑图片的位置，得到如图 5-52 所示的效果。

步骤 04 选择工具箱中【钢笔工具】，绘制工作证上面的图形，如图 5-53 所示。

图 5-52　图框精确裁剪内部

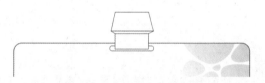

图 5-53　绘制工作证上面的图形

步骤 05 按【Ctrl+I】快捷键，导入"素材文件 \ 第 5 章 \ 标志 .cdr"文件，把素材放到图中。按住【Shift】键，同时选中标志和圆角矩形，按【C】键，将标志与圆角矩形水平居中对齐，如图 5-54 所示。

步骤 06 选择工具箱中【矩形工具】，绘制一个矩形，作为贴照片处。按【F12】键，打开【轮廓笔】对话框，设置轮廓色为灰色，样式为虚线，单击【OK】按钮，得到如图 5-55 所示的效果。

图 5-54　将标志与圆角矩形左右居中对齐

图 5-55　绘制矩形

步骤 07　按【F8】键，输入文字"照片"，按住【Shift】键，同时选中文字和矩形，按【C】键，将它们水平居中对齐，如图 5-56 所示。

步骤 08　按【F8】键，输入文字"姓名"，字体为黑体，颜色为白色。选择工具箱中【钢笔工具】，按住【Shift】键，在文字下面绘制一条直线，颜色为白色，如图 5-57 所示。

图 5-56　输入文字并水平居中对齐

图 5-57　输入文字并绘制线条

步骤 09　同时选中文字和线条，按住【Ctrl】键，按住鼠标左键，将对象向下拖动后单击鼠标右键，然后再释放【Ctrl】键和鼠标左键，垂直向下复制，如图 5-58 所示。按【Ctrl+R】快捷键，重复上一步操作，修改文字，最终效果如图 5-59 所示。

图 5-58　复制文字和线条

图 5-59　最终效果

5.5　利用【变换】泊坞窗变换对象

利用【变换】泊坞窗可以对对象进行精确的移动、旋转、镜像、修改大小、倾斜等操作。

5.5.1　精确移动对象

步骤 01　选中对象，执行【窗口】→【泊坞窗】→【变换】命令，打开【变换】泊坞窗，默认是【位置】变换面板，如图 5-60 所示。

步骤 02　在泊坞窗中设置横坐标与纵坐标的位置，【X】表示对象所在位置的横坐标，【Y】表示对象所在位置的纵坐标。完成后单击【应用】按钮即可。

步骤 03　勾选【相对位置】复选框，对象将相对于原位置的中心进行移动。单击【应用】按钮，即可将对象进行精确移动。

5.5.2　精确旋转对象

使用【旋转】命令可以精确地旋转对象，具体操作的方法如下。

步骤 01　选中对象，执行【窗口】→【泊坞窗】→【变换】命令，单击【旋转】按钮 ○ 即可打开面板，如图 5-61 所示。

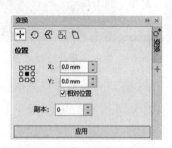

图 5-60　【变换】泊坞窗

图 5-61　【旋转】面板

步骤 02　在泊坞窗的【角度】参数框中输入要旋转的角度值，然后单击【应用】按钮即可。

在【中】选项下的两个参数框中，通过设置水平和垂直方向上的参数值可以确定对象的旋转中心。参数值为默认值的情况下，旋转中心为对象的中心。勾选【相对中心】复选框，可以在下方的指示器中选择旋转中心的相对位置。

5.5.3　精确镜像对象

步骤 01　选中对象，执行【窗口】→【泊坞窗】→【变换】命令，单击【缩放和镜像】按钮 ⊲ 即可打开面板，如图 5-62 所示。

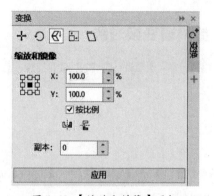

图 5-62　【缩放和镜像】面板

步骤 02　在【X】中设置对象水平方向的缩放比例，在【Y】中设置对象垂直方向的缩放比例。单击【水平镜像】按钮█可以使对象沿水平方向翻转镜像，单击【垂直镜像】按钮█可以使对象沿垂直方向翻转镜像。然后单击【应用】按钮即可。

5.5.4　精确设定对象大小

步骤01　选中对象，执行【窗口】→【泊坞窗】→【变换】命令，单击【大小】按钮█可打开面板，如图5-63所示。

步骤02　在【W】中设置对象水平方向的大小，在【H】中设置对象垂直方向的大小，完成后单击【应用】按钮即可。

勾选【按比例】复选框，改变其中一个方向的大小，另一个方向也会相应地变化。

5.5.5　倾斜对象

步骤01　选中对象，执行【窗口】→【泊坞窗】→【变换】命令，单击【倾斜】按钮█可打开面板，如图5-64所示。

步骤02　在【X】中设置水平方向的倾斜角度，在【Y】中设置对象垂直方向的倾斜角度，单击【应用】按钮即可。

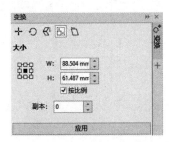

图5-63　【大小】面板

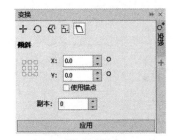

图5-64　【倾斜】面板

▮▮ 课堂范例——制作重复的标志图形

步骤01　选择工具箱中【椭圆形工具】○，按住【Ctrl】键，绘制椭圆。选择工具箱中【矩形工具】□，按住【Ctrl】键，绘制一个正方形。

步骤02　同时选中椭圆与矩形，分别按【C】键和【E】键，将它们居中对齐，如图5-65所示。执行【查看】→【贴齐】→【对象】命令，如图5-66所示。

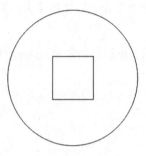

图 5-65　绘制椭圆和矩形

图 5-66　执行命令

步骤 03　选择工具箱中【3 点椭圆形】 　，绘制 3 点曲线，其中两点在正方形的右上角与右下角，如图 5-67 所示。选中曲线后再次单击曲线，显示中心点，将中心点移到如图 5-68 所示的位置。

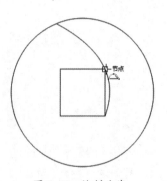

图 5-67　绘制曲线

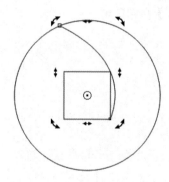

图 5-68　移动中心点

步骤 04　按【Alt+F7】快捷键，打开【变换】泊坞窗，切换到【旋转】面板，在泊坞窗中设置【旋转角度】为 90 度，【副本】为 3，如图 5-69 所示，单击【应用】按钮，得到如图 5-70 所示的效果。

图 5-69　【变换】泊坞窗

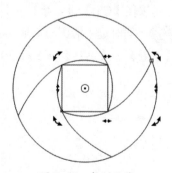

图 5-70　复制曲线

步骤 05　选择工具箱中【智能填充工具】🐾，在椭圆与四条曲线上单击，生成四个新的图形，如图 5-71 所示。选中右上角的图形，为其应用线性渐变填充，颜色为绿色到黄色的渐变色，如图 5-72 所示。

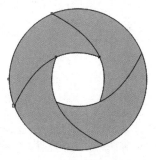

图 5-71　生成四个新的图形

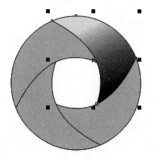

图 5-72　渐变填充

步骤 06　选中渐变图形，用鼠标右键将图形拖到左边的图形上后松开鼠标，在弹出的快捷菜单中选择【复制填充】命令，复制填充色，如图 5-73 所示。选中左边的图形，按【G】键，显示色块，如图 5-74 所示。调整色块位置如图 5-75 所示。

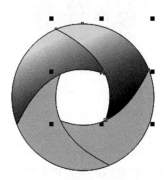

图 5-73　复制填充

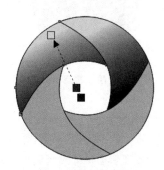

图 5-74　显示色块

步骤 07　用相同的方法为另两个图形填充浅蓝到蓝色的渐变色，最终效果如图 5-76 所示。

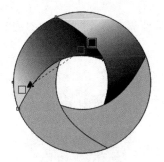

图 5-75　调整色块

图 5-76　最终效果

5.6 修改对象的工具

使用形状工具组与裁剪工具组中的修改工具可以对对象进行修改，修改工具包括刻刀工具、橡皮擦工具、裁剪工具、涂抹笔刷、粗糙笔刷和删除虚设线工具等，下面介绍常用修改工具的使用方法。

5.6.1 涂抹工具

使用涂抹工具可以在矢量对象的内部及轮廓线上任意涂抹，达到变形的目的。在选项栏中可以设定笔刷的宽度、笔刷的力度、笔刷的倾斜角度及笔尖的方位角等属性，使用涂抹笔刷的操作步骤如下。绘制图 5-77 所示的图形，单击工具箱中【涂抹工具】按钮 ，在选项栏中设置画笔大小。在图形上向内向外拖动鼠标即可进行涂抹，如图 5-78 所示。

图 5-77 绘制图形并填充色

图 5-78 涂抹对象

5.6.2 粗糙工具

使用【粗糙工具】 可改变矢量图形对象中曲线的平滑度，使曲线产生粗糙的变形效果，其操作步骤如下。

步骤 01 按【Y】键绘制多边形，将边数改为 5，绘制如图 5-79 所示的五边形。按【Ctrl+Q】快捷键，将圆转换为曲线。

步骤 02 单击工具箱中【粗糙工具】 ，在选项栏中设置属性。在图形的边缘单击鼠标，得到图 5-80 所示的效果。

图 5-79 绘制图形

图 5-80 笔刷效果

与【涂抹工具】一样，当【粗糙工具】应用于几何图形时，必须先将几何图形转换为曲线。

5.6.3　刻刀工具

【刻刀工具】就像一把小刀，起到分割的作用。它可以将对象分割成多个部分，但不会使对象的任何部分消失。将鼠标指针移动到对象的轮廓线上，按住鼠标左键拖动到两个要截断的点上，即可分割对象，如图 5-81 所示。

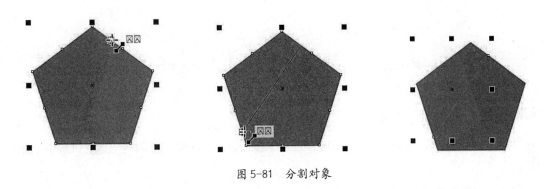

图 5-81　分割对象

5.6.4　橡皮擦工具

【橡皮擦工具】可以擦除对象内部不需要的部分，被破坏的路径会自动形成封闭的路径。具体操作步骤如下。

步骤 01　选中要擦除的对象，如图 5-82 所示，单击工具箱中【橡皮擦工具】按钮，在选项栏中设置橡皮擦的宽度。

步骤 02　移动鼠标到图形对象上，以拖动鼠标的方式擦除对象上不需要的部分，被拖动处会自动形成一个封闭的路径，如图 5-83 所示。

图 5-82　选中对象　　　　　　　　　图 5-83　擦除对象

5.6.5　虚拟段删除

【删除虚设线工具】可以删除两个相交的对象中交叉的线段，生成新的图形。

单击工具箱中【删除虚设线工具】按钮，移动光标到要删除的线段处，光标变为形状，如

图 5-84 所示，单击鼠标即可删除线段，如图 5-85 所示。

图 5-84 鼠标形状

图 5-85 鼠标形状

课堂问答

在学习了本章的对象的编辑后，还有哪些需要掌握的难点知识呢？下面将为读者讲解本章的疑难问题。

问题 1：调整不了对象的图层顺序怎么解决？

答：调整不了对象的图层顺序的原因可能是对象不在同一页面上，此时需要进行以下操作。执行【窗口】→【泊坞窗】→【对象】命令，打开【对象】面板，如图 5-86 所示。将要调顺序的多个对象拖动到同一页面即可。

图 5-86 【对象管理器】面板

问题 2：旋转多个对象时错位怎么办？

答：如果同时框选多个对象，对其进行旋转复制时错位，将多个对象组合对象后再旋转即可。

问题 3：组合对象、合并、焊接对象有什么区别？

答：组合对象、合并、焊接对象既相似又有区别，下面将介绍它们的区别。选中图 5-87 所示的两个图形，分别将其进行组合对象、合并和焊接，效果如图 5-88 所示。

图 5-87 选中两个图形

对象组合对象后暂时捆绑在一起，取消组合对象后仍是原来的两个独立对象。对象合并后变成一个对象，偶次相交处镂空，拆分后颜色不能恢复原来的颜色。对象焊接后变成一个对象，不能再拆开。

组合对象　　　　　　　合并　　　　　　　焊接

图 5-88 组合对象、合并和焊接

上机实战——制作奥运五环

为了让读者能巩固本章知识点，下面讲解一个技能综合案例，以便大家对本章的知识有更深入的了解。

效果展示

思路分析

本例是制作奥运五环，首先绘制椭圆，将椭圆的轮廓转换为对象，再复制多个椭圆。使用智能填充工具在圆相交处生成新的对象，再用对象造形。

制作步骤

步骤 01　选择工具箱中【椭圆形工具】◯，按住【Ctrl】键，绘制椭圆，改变轮廓宽度，如图 5-89 所示。执行【对象】→【将轮廓转换为对象】命令。为改变属性后的椭圆去掉填充色，添加轮廓，如图 5-90 所示。

图 5-89　绘制椭圆

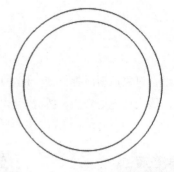

图 5-90　去掉填充色并添加轮廓

步骤 02　选中椭圆，按住【Ctrl】键，按住鼠标左键，将对象向右拖动后单击鼠标右键，然后再释放【Ctrl】键和鼠标左键，效果如图 5-91 所示。按【Ctrl+R】快捷键，重复上一步操作，如图 5-92 所示。

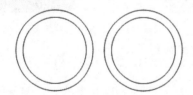

图 5-91　复制椭圆

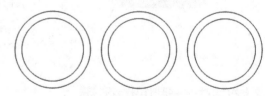

图 5-92　重复操作

步骤 03　复制其中的两个椭圆，错位放在下一行。分别将第一行的三个椭圆与第二行的两个椭圆组合对象同时选中，按【C】键，将两行椭圆水平居中对齐，如图 5-93 所示。

步骤 04　按【Ctrl+U】快捷键，取消组合对象。选择工具箱中【智能填充工具】，在图 5-94 所示的光标位置上单击。

图 5-93　复制椭圆

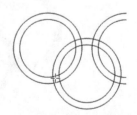

图 5-94　在光标位置智能填充

步骤 05　单击后生成新的图形，如图 5-95 所示。分别填充第一个与第二个椭圆为青色与黄色，如图 5-96 所示。

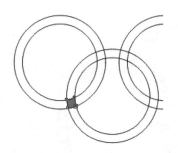

图 5-95　生成新的图形

图 5-96　填色

步骤 06　同时选中黄色椭圆与生成的小图形，如图 5-97 所示，单击选项栏中【移除前面对象】按钮 ，修剪对象，如图 5-98 所示。

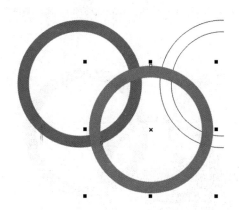

图 5-97　同时选中图形

图 5-98　移除前面对象

步骤 07　选中图 5-99 所示的椭圆，按【Shift+PageUp】快捷键，将它的图层顺序调整到最上面一层，如图 5-100 所示。

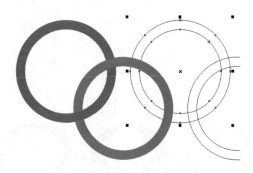

图 5-99　选中椭圆

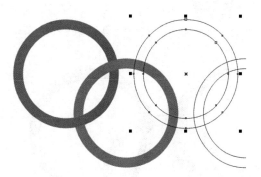

图 5-100　调整到最上面一层

步骤 08　选择工具箱中【智能填充工具】 ，在图 5-101 所示的光标位置上单击。单击后生成新的图形，如图 5-102 所示。

图 5-101 在光标位置智能填充

图 5-102 生成新的图形

步骤09 填充第三个椭圆为黑色,如图 5-103 所示,同时选中黑色椭圆与生成的小图形,如图 5-104 所示。

图 5-103 填色

图 5-104 同时选中图形

步骤10 单击选项栏中【移除前面对象】按钮,修剪对象,如图 5-105 所示。用相同的方法制作另两个圆环,最终效果如图 5-106 所示。

图 5-105 移除前面对象

图 5-106 最终效果

同步训练——制作孔雀标志

为了增强读者动手能力，下面安排一个同步训练案例，让读者达到举一反三、触类旁通的学习效果。

图解流程

思路分析

本例是设计美国全国广播公司的标志，先使用形状工具修改椭圆形状，再复制并旋转图形。最后绘制孔雀的嘴。

关键步骤

步骤 01　从标尺拖出一条垂直辅助线，选择工具箱中【椭圆形工具】○，绘制椭圆，如图5-107所示。按【Ctrl+Q】快捷键，将椭圆转换为曲线，选择工具箱中【形状工具】，选中最下方的节点，拖到图5-108所示的位置。

步骤 02　选中所有节点，使节点尖突，再选中图5-109所示的节点，单击选项栏中的【转换曲线为直线】按钮，可以将选中的曲线转换为一条直线，如图5-110所示。

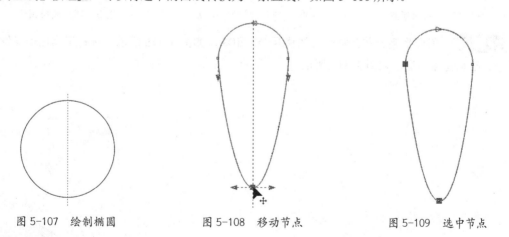

图5-107　绘制椭圆　　　　图5-108　移动节点　　　　图5-109　选中节点

步骤 03　拖出一条水平辅助线，位于图5-111所示的位置，在辅助线与图形相交处双击添加两个节点，如图5-112所示。

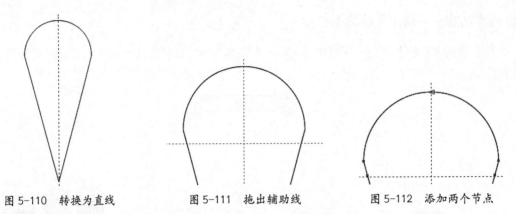

图 5-110　转换为直线　　　　图 5-111　拖出辅助线　　　　图 5-112　添加两个节点

步骤 04　删除图 5-112 水平辅助线上方的两个节点，得到图 5-113 所示的效果。选中图形后再次单击图形，显示中心点，将中心点移到图 5-114 所示的位置。

步骤 05　执行【对象】→【变换】→【旋转】命令，打开【变换】泊坞窗，在泊坞窗中设置旋转角度为 30°，【副本】为 5，单击【应用】按钮，得到如图 5-115 所示的效果。

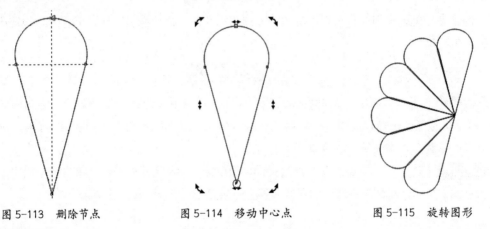

图 5-113　删除节点　　　　图 5-114　移动中心点　　　　图 5-115　旋转图形

步骤 06　将图形旋转并在每个之间移开一定距离，如图 5-116 所示。选择工具箱中【钢笔工具】🖋，绘制孔雀的嘴，如图 5-117 所示。

图 5-116　移开一定距离

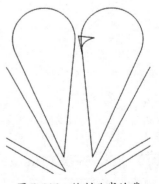

图 5-117　绘制孔雀的嘴

步骤07　同时选中两个对象，单击选项栏中【移除前面对象】按钮，修剪对象，如图 5-118 所示。最后为图形填充，去掉轮廓，最终效果如图 5-119 所示。

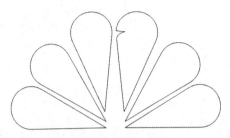

图 5-118　移除前面对象

图 5-119　最终效果

知识能力测试

本章讲解了如何在 CorelDRAW 中绘制、操作图形，为对知识进行巩固和考核，下面布置相应的练习题。

一、填空题

1. 对齐页面中心的快捷键是 _____，顶部分散排列的快捷键是 _____。

2. 合并对象的快捷键是 _____，拆分的快捷键是 _____。

二、选择题

1. 按快捷键（　　　）可使两个或两个以上的对象左对齐。

A. B B. T C. C D. L

2. CorelDRAW 具有强大的造形功能，以下哪三个命令是其中最基本的造形命令（　　　）。

A. 相交 B. 焊接 C. 对称 D. 修剪

3. 对两个不相邻的图形执行焊接命令，结果是（　　　）

A. 两个图形对齐后结合成一个对象 B. 两个图形原地结合成一个对象

C. 没有反应 D. 两个图形组合

三、简答题

1. 组合对象与合并对象有何区别，其对应的快捷键是什么？

2. 简述 CorelDRAW 中有哪些变换？变换的主要方式有几种？各变换方式的优点是什么？

CorelDRAW
2020

第6章
特效工具的使用

使用 CorelDRAW 不仅可以绘制出漂亮的图形，还可以为图形添加各种特殊的效果。CorelDRAW 中有多个特效工具，运用这些工具能够制作出渐变图像效果、立体图像效果，并且还能为图形添加投影、制作透明效果等。

学习目标

- 熟练掌握调和工具的使用
- 熟练掌握轮廓图工具的使用
- 熟练掌握变形工具的使用
- 熟练掌握阴影工具的使用
- 熟练掌握封套工具的使用
- 熟练掌握立体化工具的使用
- 熟练掌握透明工具的使用
- 熟练掌握透镜的使用

调和工具

调和工具可以在两个矢量图形之间产生形状、颜色、轮廓及尺寸上的渐变过渡效果。

6.1.1 认识调和工具

绘制一个多边形和一个心形，填充不同的颜色，如图 6-1 所示。选择工具箱中【调和工具】 ，将光标移到多边形上，当光标变为 形状时，按住鼠标左键，拖动鼠标到心形上，释放鼠标后，在两个对象之间创建调和，效果如图 6-2 所示。

图 6-1　绘制图形　　　　　　　　　　　　　图 6-2　创建调和

6.1.2 调和工具的属性

调和对象的选项栏如图 6-3 所示，在选项栏中可以改变调和步数、调和形状等属性。调和工具选项栏中的含义如下。

图 6-3　调和工具选项栏

- [预设...] 样式列表：可以选择系统预置的调和样式。
- 【对象位置】增量框 和【对象尺寸】增量框 ：可以设定对象的坐标值及尺寸大小。
- 【调和步幅/间距】增量框 ：可以设定两个对象之间的调和步数及过渡对象之间的间距值。调和步数为 3 时的效果如图 6-4 所示。
- 【调和方向】增量框 ：用来设定过渡中对象旋转的角度。
- 【环绕调和】按钮 ：可以将调和中产生旋转的过渡对象拉直的同时，以两个对象的中间位置作为旋转中心进行环绕分布。
- 【直接调和】按钮 、【顺时针调和】按钮 和【逆时针调和】按钮 ：用来设定调和对象之间颜色过渡的方向。单击【逆时针调和】按钮时的效果如图 6-5 所示。

图 6-4　调和效果

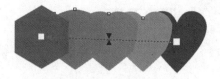

图 6-5　逆时针调和效果

- 【对象和色彩加速调和】按钮：用来调整调和对象及调和颜色的加速度。单击此按钮，在打开的面板中拖动滑块到如图 6-6 所示的位置，对象的调和变为如图 6-7 所示的效果。

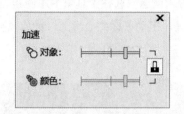

图 6-6　对象和色彩加速调和面板

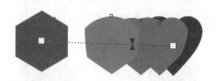

图 6-7　加速调和效果

- 【调整加速大小】按钮：用来设定调和时过渡对象调和尺寸的加速变化。
- 【起始和结束属性】按钮：可以显示或重新设定调和的起始及终止对象。
- 【路径属性】按钮：可以使调和对象沿绘制好的路径分布。单击此按钮，在弹出的菜单中选择【新建路径】命令，当光标变为 形状后单击鼠标，如图 6-8 所示，调和效果如图 6-9 所示。

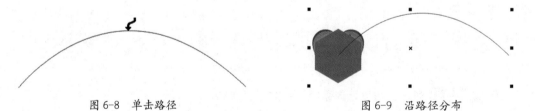

图 6-8　单击路径　　　　　　　　　　　　　　图 6-9　沿路径分布

- 【更多调和选项】按钮：在打开的面板中选择【沿全路径调和】复选框，如图 6-10 所示，可以使调和对象自动充满整个路径，如图 6-11 所示。

图 6-10　【沿全路径调和】选项

图 6-11　沿整个路径分布

- 【旋转全部对象】复选框：在打开的面板中选择【旋转全部对象】复选框，如图 6-12 所示，可以使调和对象的方向与路径一致，如图 6-13 所示。

图 6-12 【旋转全部对象】复选框

图 6-13 对象与路径的方向一致

- 【复制调和属性】按钮：可以复制对象的调和效果。

同时选中两个图形，如图 6-14 所示。选择工具箱中【调和工具】，再单击选项栏中的【复制调和属性】按钮，光标变为形状时，单击图 6-15 中的调和对象，得到如图 6-16 所示的效果。新创建的调和对象的属性与被复制的调和对象的属性完全相同。

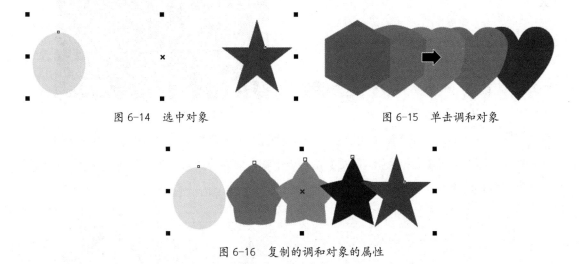

图 6-14 选中对象 　图 6-15 单击调和对象

图 6-16 复制的调和对象的属性

- 单击【清除调和】按钮可以取消对象中的调和效果。

课堂范例——制作插画背景

步骤 01　选择工具箱中【矩形工具】，绘制一个矩形。为其应用线性渐变填充，设置几个位置点颜色分别为黄色、粉色、蓝色、绿色、紫色，如图 6-17 所示。

步骤 02　选择工具箱中【钢笔工具】，绘制三个图形，填充图形为浅灰色，去掉轮廓，如图 6-18 所示。

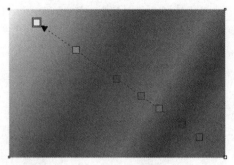

图 6-17 填色

图 6-18 绘制图形

步骤 03 选择工具箱中【透明度工具】▩，单击【均匀透明度】按钮▣，设置【合并模式】为颜色加深，如图 6-19 所示，得到图 6-20 所示的透明效果。

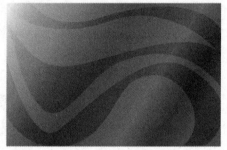

图 6-19 选项栏

图 6-20 加深后的效果

步骤 04 选择工具箱中【钢笔工具】✑，绘制图 6-21 所示的两条曲线。选择工具箱中【调和工具】✑，在选项栏的【调和步幅 / 间距】增量框中输入调和的步数为 20，在两个图形之间创建调和，效果如图 6-22 所示。

图 6-21 绘制曲线

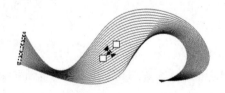

图 6-22 调和曲线

步骤 05 选择工具箱中【钢笔工具】✑，绘制图 6-23 所示的两条曲线。选择工具箱中【调和工具】✑，在两个图形之间创建调和，效果如图 6-24 所示。

图 6-23 绘制曲线

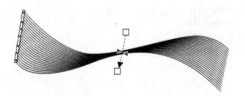

图 6-24 调和曲线

步骤 06　选择工具箱中【钢笔工具】🖉，绘制图 6-25 所示的两条曲线。选择工具箱中【调和工具】🖉，在两个图形之间创建调和，效果如图 6-26 所示。

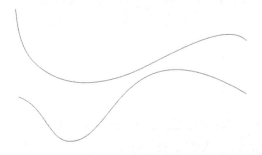

图 6-25　绘制曲线

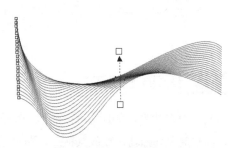

图 6-26　调和曲线

步骤 07　框选图 6-27 所示的所有曲线，按【Ctrl+G】快捷键组合，选中组合图形，按住鼠标右键，将图形拖动到矩形背景中，当光标变为⊕形状时释放鼠标，在弹出的快捷菜单中选择【Power Clip 内部】命令，得到如图 6-28 所示的效果。

图 6-27　选择曲线并组合

图 6-28　Power Clip 内部

步骤 08　按【Ctrl+I】快捷键，导入"素材文件 \ 第 6 章 \ 美女 .cdr"文件，如图 6-29 所示。把素材放到中背景中，最终效果如图 6-30 所示。

图 6-29　素材

图 6-30　放置图形

6.2 轮廓图工具

使用【轮廓图工具】□可以给对象添加轮廓效果。轮廓图效果只能用于单个对象，它由很多同心轮廓线圈组成。

6.2.1 认识轮廓图工具

绘制一个多边形，如图 6-31 所示。选择工具箱中【轮廓图工具】□，将光标移到多边形上，按住鼠标左键向外拖动，释放鼠标后，即可创建轮廓效果，如图 6-32 所示。

图 6-31 绘制图形

图 6-32 创建轮廓

6.2.2 轮廓图工具的属性

【轮廓图工具】对应的选项栏如图 6-33 所示。通过设置【轮廓图工具】的选项栏可以得到需要的轮廓效果。

图 6-33 【轮廓图工具】选项栏

【轮廓图工具】选项栏中各按钮含义如下。

- 单击【到中心】【内部轮廓】【外部轮廓】按钮□ □ □，可控制添加轮廓线的方向。
- 【轮廓图步长】□2及【轮廓图偏移】增量框□5.47 mm，用来设置轮廓线圈的级数和各个轮廓线圈之间的间距。
- 【轮廓色】按钮□下包括【线性轮廓色】□、【顺时针轮廓色】□、【逆时针轮廓色】□三种类型，可以在色谱中，用直线、顺时针或逆时针曲线所通过的颜色来填充原始对象和最后一个轮廓形状，并据此创建颜色的级数。
- 【轮廓色】按钮□■■：可以在弹出的对话框中选择最后一个同心轮廓线的颜色。
- 【填充色】按钮□■■：可以在弹出对话框中选择最后一个同心轮廓的颜色。

- 【最后一个填充挑选器】按钮■▼：当原始对象使用了渐变效果，可以通过单击此按钮来改变渐变填充的最后终止颜色。
- 【对象和颜色加速】按钮▣：与调和工具中的【对象与颜色加速】按钮相同，此按钮可以用来调节轮廓对象与轮廓颜色的速率。

课堂范例——制作多轮廓文字

步骤 01 按【F8】键，输入文字，字体为方正剪纸简体，颜色为白色，轮廓色为青色，如图 6-34 所示。

步骤 02 选择工具箱中【轮廓图工具】▣，按住鼠标左键，从文字上向外拖动，如图 6-35 所示。

图 6-34 输入文字

图 6-35 从文字上向外拖动

步骤 03 设置【轮廓图步长】为2，【轮廓图偏移】为5mm，【轮廓色】为黑色，【填充色】为青色，如图 6-36 所示，图形变为如图 6-37 所示的效果。

图 6-37 最终效果

图 6-36 选项栏

6.3 变形工具

变形效果是让对象的外形产生不规则的变化。通过【变形工具】▷可以快速而方便地改变对象的外观。

6.3.1 认识变形工具

绘制图 6-38 所示的多边形，使用变形工具，可实现图 6-39 所示三种不同的变形效果。

图 6-38　绘制多边形

图 6-39　三种不同变形效果

6.3.2　变形工具的属性

变形工具的选项栏如图 6-40 所示。

图 6-40　选项栏

变形有三种形式，分别为【推拉变形】⊕、【拉链变形】✿和【扭曲变形】❦，【推拉振幅】增量框∿○ ⬍用来设定变形的幅度，单击【居中变形】按钮⊕可以让对象均匀地变形。通过选项栏中的相关设定，可以使对象产生随机、平滑的变形。

课堂范例——制作花边文字

步骤 01　选择工具箱中【多边形工具】○，设置【边数】为6，选择工具箱中【形状工具】，在图 6-41 所示的位置双击，删除节点，如图 6-42 所示。

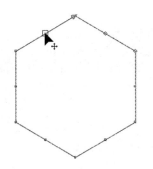

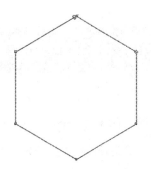

图 6-41　双击鼠标　　　　　　　　　　　　　图 6-42　删除节点

步骤 02　单击工具箱中【变形工具】按钮，再单击选项栏中【推拉变形】按钮。选中正六边形，按住鼠标左键从正六边形的中心向左拖动鼠标，如图 6-43 所示，单击选项栏中【居中变形】按钮，得到如图 6-44 所示的效果。

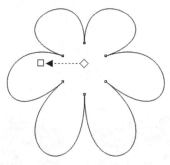

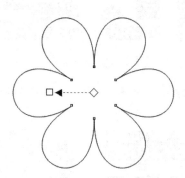

图 6-43　推拉变形　　　　　　　　　　　　　图 6-44　居中变形

步骤 03　按【G】键，为图形填充红色到白色的渐变色，去掉轮廓，如图 6-45 所示。再复制一个图形，如图 6-46 所示。

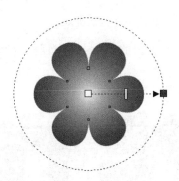

图 6-45　填充渐变色　　　　　　　　　　　　图 6-46　复制图形

步骤 04　选择工具箱中【调和工具】，在两个图形间拖动，在选项栏的【调和步幅 / 间距】增量框中输入调和的步数为 20，在两个图形之间创建调和，效果如图 6-47 所示。单击选项栏中【顺时针调和】按钮，改变调和图形颜色，如图 6-48 所示。

图 6-47　创建调和 　　　　　　　　图 6-48　改变调和图形颜色

步骤 05 按【F8】键，输入文字，字体为方正琥珀简体，如图 6-49 所示。选中调和图形，单击选项栏中【路径属性】按钮，在弹出的快捷菜单中选择【新建路径】命令，如图 6-50 所示。

图 6-49　输入文字 　　　　　　　　图 6-50　选择【新建路径】命令

步骤 06 在文字上单击，如图 6-51 所示，花朵调和到文字上，如图 6-52 所示。

图 6-51　在文字上单击 　　　　　　　　图 6-52　花朵调和到文字上

步骤 07 单击选项栏中【更多调和选项】按钮，在弹出的菜单中选择【沿全路径调和】命令，如图 6-53 所示，效果如图 6-54 所示。

图 6-53　选择【沿全路径调和】命令 　　　　图 6-54　沿全路径调和

步骤 08 设置选项栏中【调和对象】中的步长数为 150，效果如图 6-55 所示。执行【对象】→【拆分路径群组上的混合】命令，将文字与图形拆分。在文字上单击，如图 6-56 所示。

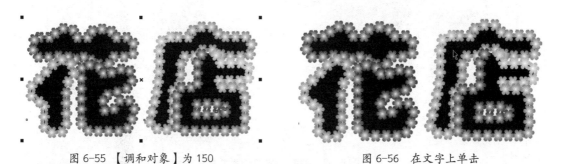

图 6-55 【调和对象】为 150　　　　　　　图 6-56 在文字上单击

步骤 09 按【Delete】键删除文字，本例最终效果如图 6-57 所示。

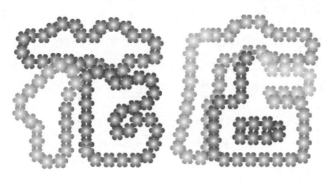

图 6-57 最终效果

6.4 阴影工具

阴影效果可以使对象产生立体效果。阴影效果是与对象链接在一起的，对象外观改变的同时，阴影效果也会随之产生变化。

6.4.1 认识阴影工具

使用阴影工具创建阴影有两种方式，一种是和原图形相同形状的阴影，另一种是产生透视效果的阴影，如图 6-58 所示。

图 6-58　两种不同的阴影效果

6.4.2　阴影工具的属性

通过拖动阴影控制线中间的调节按钮，可以调节阴影的不透明程度。调节按钮靠近白色方块不透明度就小，阴影也随之变淡；反之，不透明度则大，阴影也会比较浓。也可以通过【阴影工具】的选项栏精确地设置添加阴影的效果，阴影工具选项栏如图 6-59 所示。

图 6-59　阴影工具选项栏

选项栏中各参数含义如下。

- 【阴影偏移量】增量框：用来设定阴影相对于对象的坐标值（仅限于与原图同形的阴影）。
- 【阴影角度】：用来设定阴影效果的角度。
- 【阴影不透明度】滑轨框：用来设定阴影的不透明度。
- 【阴影羽化】：用来设定阴影的羽化效果。
- 【羽化方向】：用来设定阴影的羽化方向为在内、中间、在外或平均。
- 【羽化边缘】按钮：用来设定阴影羽化边缘的类型为直线型、正方形、反转方形等。
- 【阴影伸展 / 淡出】：用来设定阴影的淡化及伸展。
- 【阴影颜色】按钮：用来设定阴影的颜色。

6.5　封套工具

【封套工具】通过修改封套上的节点来改变封套的形状，从而使对象产生变形效果。

6.5.1 认识封套工具

封套工具既可以应用于对象，也可以应用于文字。绘制图 6-60 所示的圆，选择工具箱中【封套工具】，调整封套的节点，对象的形状也随之改变，如图 6-61 所示。

图 6-60 绘制圆

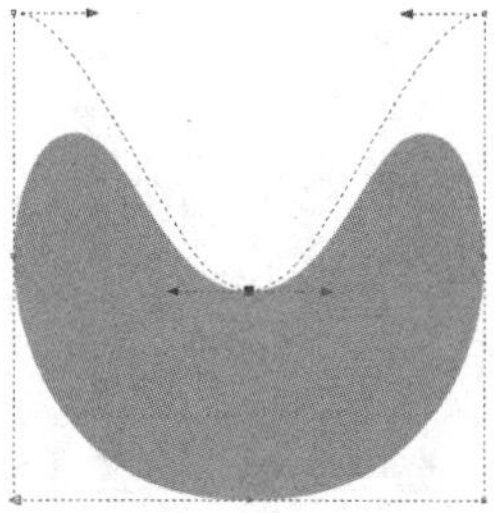

图 6-61 改变对象形状

6.5.2 封套工具的属性

通过【封套工具】的选项栏精确地设置封套的效果。选项栏如图 6-62 所示，选项栏中各参数含义如下。

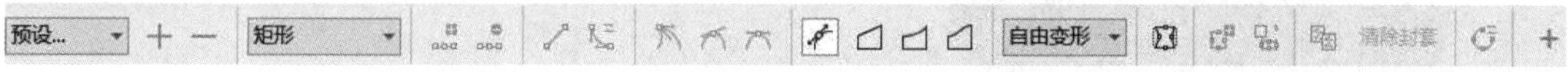

图 6-62 选项栏

- 分别单击【直线模式】按钮、【单弧线模式】按钮、【双弧线模式】按钮、【非强制模式】按钮可以选择不同的封套编辑模式。
- 【映射模式】列表框：提供了水平的、原始的、自由变换、垂直的共 4 种映射模式。
- 【保持线条】：可以将对象的线条保持为直线，或者转换为曲线。
- 【添加新封套】：可以指定图形外观创建封套效果。
- 使用【封套工具】选中对象后，单击【创建封套自】按钮，再单击要作为封套外形的对象即可。

课堂范例——制作心形文字

步骤 01 选择工具箱中【常见形状工具】，单击选项栏中【常用形状】按钮，在弹出的面板中选择心形，如图 6-63 所示。

步骤 02 在工作区拖动鼠标，绘制心形，为图形填充红色到深红的渐变色，去掉轮廓，如图 6-64 所示。

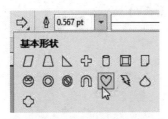

图 6-63　面板中选择心形

图 6-64　填充渐变色

步骤 03　选中心形，按住【Shift】键，将心形向内拖到一定位置后单击鼠标右键，即可缩小并复制对象。按【G】键，设置心形渐变色为深红、红色、深色的渐变色，如图 6-65 所示。

步骤 04　选择工具箱中【多边形工具】⬡，设置【边数】为 6，选择工具箱中【形状工具】 ，在图 6-66 所示的位置双击，删除节点，如图 6-67 所示。

图 6-65　缩小并复制对象

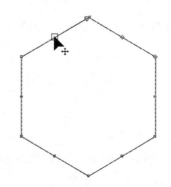

图 6-66　放置光标

步骤 05　单击工具箱中【变形工具】按钮，再单击选项栏中【推拉变形】按钮。选中正六边形，按住鼠标左键从正六边形的中心向左拖动鼠标，如图 6-68 所示。

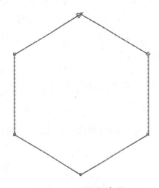

图 6-67　删除节点

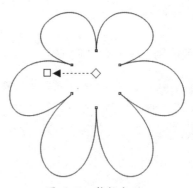

图 6-68　推拉变形

步骤 06　单击选项栏中【居中变形】按钮，得到如图 6-69 所示的效果。选择工具箱中【椭

圆形工具】◯，绘制椭圆，如图 6-70 所示。同时选中花朵图形与椭圆，分别按【C】键与【E】键，
将两个图形居中对齐。

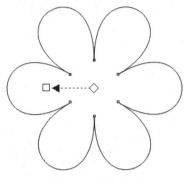

图 6-69 居中变形

图 6-70 将两个图形居中对齐

步骤 07 再单击选项栏中【移除前面对象】按钮🔳，修剪对象，如图 6-71 所示。复制并缩
小多个图形，如图 6-72 所示。

图 6-71 修剪对象

图 6-72 复制并缩小多个图形

步骤 08 按【F8】键，输入文字，字体为方正琥珀简体，如图 6-73 所示。选中文字，选择
工具箱中【封套工具】🞖，此时文字四周出现一个矩形封套虚线控制框，拖动调节封套控制框上的
8 个节点可以改变文字的外观，如图 6-74 所示。

图 6-73 输入文字

图 6-74 最终效果

6.6 立体化工具

使用工具箱中的【立体化工具】🍥可以给对象添加立体化效果，立体化的颜色默认为对象的颜色。

6.6.1 认识立体化工具

绘制图 6-75 所示的五角形，选择工具箱中【立体化工具】🞮，从五角形中向上拖动鼠标，制作立体效果，如图 6-76 所示。

图 6-75　绘制五角形

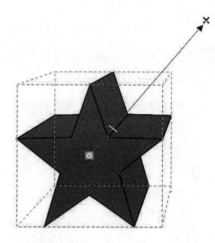

图 6-76　制作立体效果

拖动图形上的✖符号，可以调整立体化方向，如图 6-77 所示。拖动图形上的✎符号，可以调整图形立体透视效果，如图 6-78 所示。

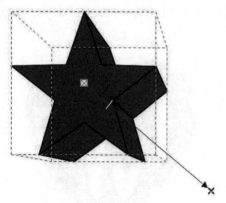

图 6-77　调整立体化方向

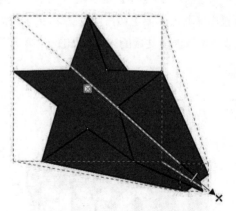

图 6-78　调整图形立体透视效果

6.6.2　立体化工具的属性

在立体化效果的选项栏中可以精确地改变对象立体化效果，其选项栏如图 6-79 所示。选项栏上各参数含义如下。

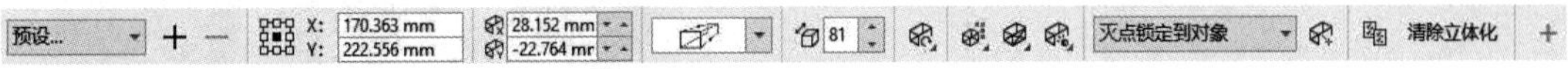

图 6-79　立体化效果选项栏

- 【立体化类型】 ：其下拉列表框中提供了 6 种不同的立体化延伸方式。
- 【深度】增量框 及【灭点坐标】增量框 ：用来设定灭点延伸的深度及灭点位置的坐标值。
- 灭点属性下拉列表 ：提供了锁定灭点到对象、锁定灭点到页面、共享灭点等方式。
- 【页面或对象灭点】 ：用来相对于对象的中心点或页面的坐标原点来计算或显示灭点的坐标值。
- 【立体化旋转】 ：在弹出的对话框中通过拖动图例来旋转控制对象；也可以在文本框中输入数值来设定旋转。
- 【立体化颜色】按钮 ：用来设定使用对象填充、使用纯色、使用递减的颜色 3 种方式。
- 【立体化倾斜】按钮 ：通过拖动对话框中图例的节点来添加斜角效果，也可以在增量框中输入数值来设定斜角。勾选【只显示斜角装饰边】复选框后，只显示斜面。
- 【立体化照明】按钮 ：可以在对话框的图例中为对象添加光照效果。

课堂范例——制作大气磅礴立体文字

步骤 01　按【F8】键，输入文字，字体为方正剪纸简体。按【G】键，为文字填充黄色到深黄色的渐变色，如图 6-80 所示。

步骤 02　选择工具箱中【立体化工具】 ，在文字上按住鼠标左键拖动到适当位置后释放鼠标，即可创建立体化效果，如图 6-81 所示。

图 6-80　输入文字

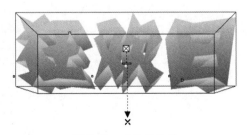

图 6-81　立体化效果

步骤 03　单击选项栏中【立体化颜色】按钮 ，在打开的面板中单击【使用递减的颜色】按钮 ，颜色为黄色到棕色的渐变色，如图 6-82 所示，立体色变为如图 6-83 所示的效果。

图 6-82 设置立体化颜色

图 6-83 立体色

步骤 04 拖动矩形条调整立体图形效果，本例最终效果如图 6-84 所示。

图 6-84 最终效果

6.7 透明工具

【透明工具】可以方便地为对象添加【标准】【渐变】【图案】及【底纹】等透明效果。

6.7.1 认识透明工具

绘制图 6-85 所示的图形，选择工具箱中【透明工具】，为其应用透明，图 6-86 所示为几种不同的透明效果。

图 6-85 绘制图形

均匀透明

渐变透明

向量图样透明

图 6-86　几种不同透明效果

6.7.2　透明工具的属性

选择工具箱中【矩形工具】□，绘制一个矩形，填充为橘色，去掉轮廓，如图 6-87 所示。

图 6-87　绘制矩形

单击选项栏中【均匀透明度】按钮，选项栏如图 6-88 所示，对应的透明度效果如图 6-89 所示。通过拖动【透明度】中的滑块设定对象的起始透明。

图 6-88　均匀透明度选项栏

图 6-89　均匀透明度效果

单击选项栏中【渐变透明度】按钮，选项栏如图 6-90 所示，图 6-91 分别为线性渐变、椭圆形渐变、锥形渐变和矩形渐变。

图 6-90　渐变透明度选项栏

图 6-91　线性渐变、椭圆形渐变、锥形渐变和矩形渐变效果

单击选项栏中【向量图样透明度】按钮▦，选项栏如图 6-92 所示，对应的透明度效果如图 6-93 所示。

图 6-92　向量图样透明度选项栏　　　　　　　图 6-93　向量图样透明度效果

单击选项栏中【位图图样透明度】按钮▦，选项栏如图 6-94 所示，对应的透明度效果如图 6-95 所示。

图 6-94　位图图样透明选项栏　　　　　　　　图 6-95　位图图样透明度效果

单击选项栏中【双色图样透明度】按钮▦，选项栏如图 6-96 所示，对应的透明度效果如图 6-97 所示。

图 6-96　双色图样透明度选项栏　　　　　　　图 6-97　双色图样透明度效果

单击选项栏中【底纹透明度】按钮，选项栏如图6-98所示，对应的透明度效果如图6-99所示。

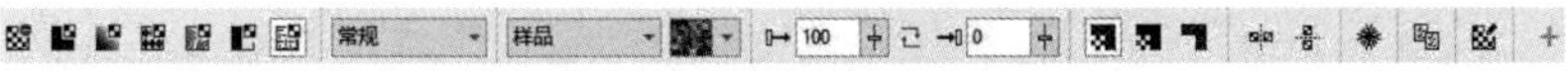

图 6-98　底纹透明度选项栏

图 6-99　底纹透明度效果

单击选项栏中【无透明度】按钮⊠，即可去掉透明度。

课堂范例——制作渐变透明花形图案

步骤 01　选择工具箱中【矩形工具】□，绘制一个矩形，如图6-100所示。选择工具箱中【三点曲线工具】🚗，在矩形的左半部分绘制三点曲线，如图 6-101 所示。

步骤 02　选择工具箱中【选择工具】▶，将光标放在图 6-102 所示的左边控制点上，左手按住【Ctrl】键，右手按住鼠标左键，将对象向右拖动后单击鼠标右键，然后再释放【Ctrl】键和鼠标，效果如图 6-103 所示。

图 6-100　绘制矩形

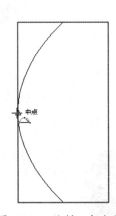

图 6-101　绘制三点曲线

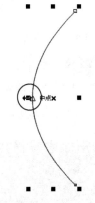

图 6-102　放置光标

步骤 03　同时选中两条曲线，按【Ctrl+L】快捷键将其结合。选择工具箱中【形状工具】🔪，框选图 6-104 所示的两个节点，单击选项栏中的【连接两个节点】按钮🔗，结合节点。再框选图 6-105 所示的两个节点，单击选项栏中的【连接两个节点】按钮🔗，结合节点。

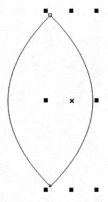

图 6-103　复制曲线

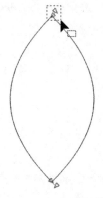

图 6-104　框选两个节点

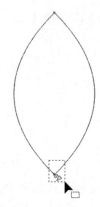

图 6-105　结合节点

步骤 04　填充图形为红色，去掉轮廓。双击图形，将中心点移到图形的下方，如图 6-106 所示。复制一个图形，选择工具箱中【调和工具】🖋️，在两个图形之间创建调和，如图 6-107 所示。

图 6-106　将中心点移到图形的下方

图 6-107　创建调和

步骤 05　单击选项栏中【顺时针调和】按钮🖋️，改变调和图形颜色，如图 6-108 所示。绘制一个小圆，再次选中调和对象，单击选项栏中【路径属性】按钮🖋️，在弹出的快捷菜单中选择【新路径】命令，箭头在小圆上单击，如图 6-109 所示。

图 6-108　改变调和图形颜色

图 6-109　在小圆上单击

步骤 06　此时图形位于小圆上，如图 6-110 所示。单击选项栏中【更多调和选项】按钮🖋️，在弹出的快捷菜单中选择【沿全路径调和】和【旋转全部对象】选项，如图 6-111 所示，效果如图 6-112 所示。

图 6-110 图形位于小圆上

图 6-111 选择命令

步骤 07 选择工具箱中【透明工具】，单击选项栏中【均匀透明度】按钮，设置透明度为 50，得到如图 6-113 所示的透明效果。按【Ctrl+K】快捷键，拆分小圆与透明图形，最后删除小圆。

图 6-112 花形

图 6-113 最终效果

6.8 块阴影工具

和阴影不同，块阴影由简单的线条构成，因此是屏幕打印和标牌制作的理想之选。

6.8.1 认识块阴影工具

CorelDRAW 传统的阴影都是位图阴影，而增加图形 3D 效果有时会用到矢量阴影，块阴影的出现就使这种效果变得很容易制作。图 6-114 的效果只需用【块阴影工具】一步就可完成，极大地提高了工作效率。

图 6-114 【块阴影工具】效果

6.8.2 块阴影工具的属性

单击工具箱中【阴影工具】按钮口右下的小三角，就可切换到【块阴影工具】，在文字或图形上拖动即可添加块阴影效果。选项栏如图 6-115 所示，部分参数含义如下。

图 6-115 【块阴影工具】选项栏

- 【块阴影颜色】按钮◇■▼：可以选择块阴影的颜色。
- 【叠印块阴影】按钮：设置块阴影以在底层对象之上印刷。
- 【简化】按钮：修剪对象和块阴影之间的叠加区域。
- 【移除孔洞】按钮：将块阴影设为不带孔的实线曲线对象。
- 【从对象轮廓生成】按钮：创建块阴影时，包含对象轮廓。
- 【展开块阴影】参数框：以指定量增加块阴影尺寸。

课堂范例——制作长投影海报

步骤 01 新建一个 A4 文件，双击工具箱中【矩形工具】口，绘制一个与页面等大矩形并填充浅灰色，按【F8】键，输入文字"LONG SHADOW"，字体为"Arial Black"粗体和常规体，大小为 105Pt 和 72pt，填充白色，按【Ctrl+G】快捷键组合，如图 6-116 所示。

步骤 02 选择工具箱中【块阴影工具】，在文字上按住左键拖到页面外，如图 6-117 所示。

图 6-116 创建文字

图 6-117 创建块阴影

步骤 03 在选项栏中将【块阴影颜色】设为（#C7C7C7），如图 6-118 所示。在块阴影上右击选择【拆分块阴影】命令，如图 6-119 所示。

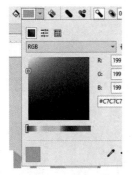

图 6-118　设置块阴影颜色

图 6-119　拆分块阴影

步骤 04　选择拆分后的块阴影，用【透明度工具】▧从左上到右下拖动做出线性渐变透明效果，如图 6-120 所示。然后将文字和块阴影选中再按【Ctrl+G】快捷组合，拖动右键到矩形内，当光标变为⊕形状时释放鼠标，在弹出的快捷菜单中选择【Power Clip 内部】命令，如图 6-121 所示。

图 6-120　设置块阴影颜色

图 6-121　拆分块阴影

步骤 05　这时可看到位置发生了变化，在图形中右击，在弹出的菜单中选择【编辑 Power Clip】命令，如图 6-122 所示。将文字拖到画面中部稍上的位置，如图 6-123 所示，再右击，选择【完成编辑 Power Clip】命令。

图 6-122　编辑 Power Clip

图 6-123　移动文字位置

步骤 06　添加上其他文字，如图 6-124 所示。

步骤 07　将文字位置、色彩等做一下微调，最终效果如图 6-125 所示。

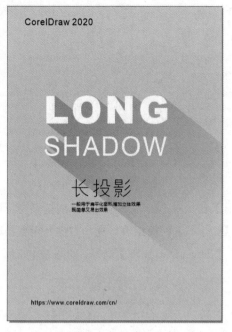

图 6-124　添加其他文字

图 6-125　最终效果

6.9　透镜效果

CorelDRAW 为用户提供了十几种功能不同的透镜，每种透镜所产生的效果各异。

6.9.1　为图像添加透镜效果

添加透镜效果的操作步骤如下。

步骤 01　导入一张要添加透镜效果的图片，如图 6-126 所示。

步骤 02　执行【效果】→【透镜】命令，打开【透镜】泊坞窗，如图 6-127 所示。

图 6-126　导入图片

图 6-127　【透镜】泊坞窗

步骤 03 按【F7】键，再按住【Ctrl】键的同时拖动鼠标，绘制一个圆，把圆放到图片上，如图 6-128 所示。

图 6-128　绘制圆

步骤 04 在【透镜】泊坞窗中选择一种透镜效果（如"变亮"），去掉圆的轮廓，图形变为如图 6-129 所示的效果。

图 6-129　变亮透镜效果

CorelDRAW 提供了十几种透镜效果，包括变亮、颜色添加、色彩限度、自定义彩色图、鱼眼、热图、反显、放大、灰度浓度、线框等。

6.9.2　12种透镜效果

1. 无透镜效果

可以用来取消已经应用的透镜效果。

2. 变亮

变亮可以改变对象在透镜范围下的亮度，使对象变亮或变暗。参数及效果如图 6-129 所示。

3. 颜色添加

颜色添加可以给对象添加指定颜色，产生类似有色滤镜的效果。增量框中的数值越大，透镜的颜色就越深。参数设置如图 6-130 所示时，效果如图 6-131 所示。

图 6-130 【颜色添加透镜】泊坞窗

图 6-131 颜色添加透镜效果

4. 色彩限度

色彩限度可以将对象上的颜色转换为透镜的颜色。参数设置如图 6-132 所示时，效果如图 6-133 所示。

图 6-132 【色彩限度透镜】泊坞窗

图 6-133 应用色彩限度透镜效果

5. 自定义彩色图

自定义彩色图可以将对象的颜色转换为双色调。应用透镜效果后显示的两种颜色是用设定的起始颜色和终止颜色与对象的填充颜色相对比获得的。参数设置如图 6-134 所示时，效果如图 6-135 所示。

图 6-134 【自定义彩透镜】泊坞窗

图 6-135 应用自定义彩色图透镜效果

6. 鱼眼

鱼眼可以使透镜下的对象产生扭曲的效果。用户可以通过【比率】增量框来设定扭曲程度，正数值为向上凸起，负数值向下凹陷。参数设置如图 6-136 所示时，效果如图 6-137 所示。

图 6-136 【鱼眼透镜】泊坞窗

图 6-137 应用鱼眼透镜效果

7. 热图

热图可以产生类似红外线成像的效果。参数设置如图 6-138 所示时，效果如图 6-139 所示。

图 6-138 【热图透镜】泊坞窗

图 6-139 应用热图透镜效果

8. 反转

反转可以使对象的色彩反相，产生类似相片底片的效果。参数设置如图 6-140 所示时，效果如图 6-141 所示。

图 6-140 【反转透镜】泊坞窗

图 6-141 应用反转透镜效果

9. 放大

放大可以产生类似放大镜的效果。【数量】增量框中的数值越大，放大的程度越高。参数设置如图 6-142 所示时，效果如图 6-143 所示。

图 6-142 【放大透镜】泊坞窗

图 6-143 应用放大

10. 灰度浓淡

灰度浓淡可以将透镜下对象的颜色转换为透镜色的灰度等特效色。参数设置如图 6-144 所示时，效果如图 6-145 所示。

图 6-144 【灰度浓淡透镜】泊坞窗

图 6-145 灰度浓度透镜效果

11. 透明度

透明度可以产生类似通过有色玻璃看物体的效果。参数设置如图 6-146 所示时，效果如图 6-147 所示。

图 6-146 【透明度透镜】泊坞窗

图 6-147 透明度

12. 线框

线框可以用来显示对象的轮廓，并且可以为轮廓指定填充色。参数设置如图 6-148 所示时，效果如图 6-149 所示。

图 6-148　【透镜】泊坞窗

图 6-149　应用线框

📖 课堂范例——制作鱼眼效果

步骤 01　选择工具箱中【椭圆形工具】○，绘制椭圆，填充为青色，去掉轮廓。按住【Ctrl】键，垂直向下复制一个圆，按住【Shift】键，等比例放大，如图 6-150 所示。

步骤 02　选择工具箱中【调和工具】◣，在两个圆之间创建调和，如图 6-151 所示。按住【Ctrl】键，垂直向下复制一组调和圆，将最大的一个圆重合，如图 6-152 所示。

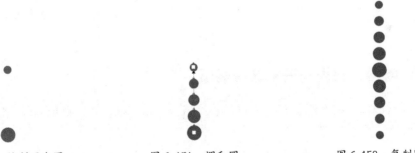

图 6-150　绘制两个圆　　　　　图 6-151　调和圆　　　　　图 6-152　复制圆

步骤 03　框选上图的图形，执行【对象】→【变换】→【旋转】命令，打开【变换】泊坞窗，在泊坞窗中设置【旋转角度】为 45°，【副本】为 3，如图 6-153 所示，单击【应用】按钮，得到如图 6-154 所示的效果。

步骤 04　选择工具箱中【椭圆形工具】○，在图形上面绘制一个圆，执行【效果】→【透镜】命令，打开【透镜】泊坞窗，选择【鱼眼】，【比率】为 200%，如图 6-155 所示。

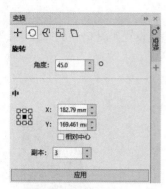

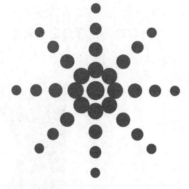

图 6-153 【变换】泊坞窗　　　图 6-154　旋转复制圆　　　图 6-155 【透镜】泊坞窗

步骤 05　　得到图 6-156 所示的效果。去掉圆的轮廓，最终效果如图 6-157 所示。

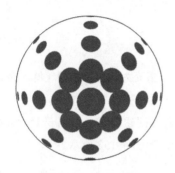

图 6-156　鱼眼效果　　　　　　　　　　图 6-157　最终效果

6.10　斜角、透视与图框精确剪裁

除了以上特效工具外，CorelDRAW 中还有斜角、透视与图框精确剪裁等制作特效的方法。

6.10.1　斜角立体效果

【斜角】功能可以制造视觉上更立体化的效果，可快速地对对象进行【柔和边缘】或【浮雕】效果的制作。值得注意的是，要使用【斜角】功能，必须为对象填充颜色。

绘制一个五角星，执行【效果】→【斜角】命令，打开【斜角】对话框，选中【到中心】单选按钮，如图 6-158 所示，五角星效果如图 6-159 所示。

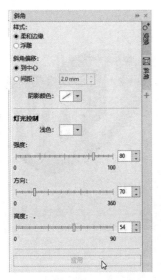

图 6-158　选中【到中心】按钮

图 6-159　五角星效果

选中【间距】单选按钮，设置距离，如图 6-160 所示，五角星效果如图 6-161 所示。

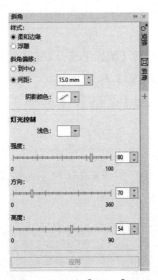

图 6-160　选中【间距】按钮

图 6-161　五角星效果

6.10.2　透视效果

在 CorelDRAW 中，使用【添加透视】命令，可以通过改变图形的透视点，制作出具有三维空间距离和深度的视觉透视效果。

选中图 6-162 所示的图形，将其组合。执行【效果】→【添加透视】命令，添加透视效果，调整透视效果如图 6-163 所示。

图 6-162　绘制图形

图 6-163　应用透视效果

6.10.3　图框精确剪裁

使用【精确剪裁】命令可以将一个对象准确地内置于另一个容器对象中，被内置的对象称为精确剪裁对象。

步骤 01　按住鼠标右键，将对象拖到容器对象后释放鼠标，在弹出的快捷菜单中选择【Power Clip 内部】命令。

步骤 02　编辑位置。右击容器，在弹出的快捷菜单中选择【编辑 Power Clip】命令，移动对象位置后再右击，在弹出的快捷菜单中选择【完成编辑 Power Clip】命令。

步骤 03　提取对象。右击容器，在弹出的快捷菜单中选择【提取内容】命令。

课堂范例——制作图案文字

步骤 01　按【F8】键，输入文字，字体为方正彩云简体，如图 6-164 所示。按【Ctrl+I】快捷键，导入【素材文件\第 6 章\云 .jpg】文件，如图 6-165 所示。

图 6-164　输入文字

图 6-165　素材

步骤 02　选中素材图片，按住鼠标右键，将图片拖动到文字中，当光标变为⊕形状时释放鼠标，在弹出的快捷菜单中选择【PowerClip 内部】命令，如图 6-166 所示，得到如图 6-167 所示的效果。

图 6-166　选择【Power Clip 内部】命令　　　　　图 6-167　裁剪图片

步骤 03 再次导入 "素材文件 \ 第 6 章 \ 云 .jpg" 素材，按【Shift+PgDn】快捷键放到最后，选择工具箱中【阴影工具】，从文字上向外拖动鼠标，为其应用阴影效果。在属性栏中设置【阴影的不透明】为 50，羽化值为 7，阴影颜色为蓝色，如图 6-168 所示。本例最终效果如图 6-169 所示。

图 6-168　创建阴影　　　　　　　　　图 6-169　最终效果

📖 课堂问答

在学习了本章的特效工具后，还有哪些需要掌握的难点知识呢？下面将为读者讲解本章的疑难问题。

问题 1：组合对象和位图可以进行调和吗？

答：组合对象可以进行调和，位图不能进行调和。

问题 2：如何复制对象的特效？

答：特效工具组中的工具制作的特效都可以复制，以复制透明效果为例讲解。

步骤 01 选中图 6-170 所示的图形，选择工具箱中【透明工具】，单击选项栏中【复制透明度】按钮，如图 6-171 所示。

图 6-170　选中图形

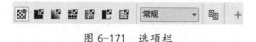

图 6-171　选项栏

步骤 02　在已应用了透明度的图形上单击，如图 6-172 所示，即可复制透明度，如图 6-173 所示。

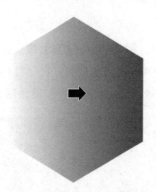

图 6-172　在已应用了透明度的图形上单击

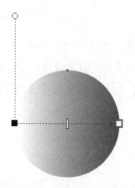

图 6-173　复制透明度

问题 3：如何将应用了特效的对象变为普通对象？

答：选中应用了特效的对象，如图 6-174 所示。单击选项栏中【清除调和】按钮，即可将应用了特效的对象变为普通对象，如图 6-175 所示。

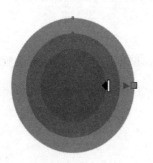

图 6-174　选中应用了特效的对象

图 6-175　清除调和

上机实战——制作星光闪闪的效果

为了让读者能巩固本章知识点，下面讲解一个技能综合案例，以便大家对本章的知识有更深入的了解。

思路分析

本例是制作一个星光效果，选用图框精确裁剪制作裁剪图片，再绘制圆，利用透明度工具制作两种不同的星光效果，最后复制多个星光。

制作步骤

步骤01　按【F7】键，绘制一个椭圆，填充为黑色。再绘制一个椭圆，为便于查看，轮廓色先设置为白色，如图 6-176 所示。

步骤02　按【Ctrl+I】快捷键，导入"素材文件\第 6 章\古风插画 .jpg"文件，如图 6-177所示。选中素材，按住鼠标右键，将素材拖动到圆中，当光标变为⊕形状时释放鼠标，在弹出的快捷菜单中选择【Power Clip 内部】命令，编辑素材的位置，去掉椭圆轮廓，得到图 6-178 所示的效果。

图 6-176　绘制椭圆

图 6-177　导入素材

步骤03　单击工具箱中【阴影工具】，从图片上向外拖动鼠标，为其应用阴影效果，阴影颜色为白色，如图 6-179 所示。

图 6-178　Power Clip 内部

图 6-179　应用阴影效果

步骤 04　按【F7】键，绘制一个圆。选择工具箱中【透明工具】，单击选项栏中【渐变透明度】按钮，为圆应用透明效果。

步骤 05　选中中间的黑色色块，在选项栏中设置透明中心点为 0，再选中外面的白色色块，设置透明中心点为 100，再将外面的色块向内移动一定距离，得到图 6-180 所示的效果。

步骤 06　复制圆，选择工具箱中【透明工具】，选中外面的白色色块，设置透明中心点为 58，得到图 6-181 所示的效果。复制多个圆，改变它们的大小，制作星光效果，最终效果如图 6-182 所示。

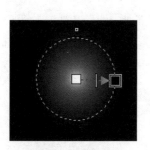

图 6-180　星光效果

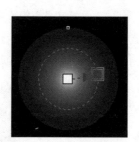

图 6-181　星光效果

图 6-182　最终效果

● 同步训练——制作镂空立体文字

为了增强读者动手能力，下面安排一个同步训练案例，让读者达到举一反三、触类旁通的学习效果。

图解流程

思路分析

本例是制作一个镂空立体文字，先输入文字，然后使用立体化工具制作立体效果。再单击调色板中无填充按钮，制作镂空效果。

关键步骤

步骤 01 按【F8】键，输入文字，字体为方正大黑简体，如图6-183所示。选择工具箱中【立体化工具】❀，从文字中向内拖动鼠标，制作立体效果，如图6-184所示。

图 6-183　输入文字

图 6-184　制作立体效果

步骤 02 立体色设置如图6-185所示，单击调色板中无填充按钮☒，得到图6-186所示的镂空效果。

图 6-185　立体色设置

图 6-186　最终效果

📝 知识能力测试

本章讲解了如何在CorelDRAW中绘制、操作图形，为对知识进行巩固和考核，下面布置相应的练习题。

一、填空题

1. 将任何两个非位图对象进行一系列过渡最好使用 _____ 工具。

2. 在 CorelDRAW 中，变形包括三种基本形式，分别是 _____、_____、_____。

3. 立体化工具可使用 _____、_____、_____ 三种方式为所生产的立体面着色。

二、选择题

1. 编辑封套的节点可以用（   ）工具。

A. 形状　　　　　　　B. 自由笔　　　　　　C. 贝塞尔　　　　　　D. 艺术笔

2. 图形添加阴影后，拖动阴影轴线上的滑杆，可调整阴影的（   ）。

A. 不透明度　　　　　B. 羽化程度　　　　　C. 角度　　　　　　　D. 羽化方向

3. 通过调和工具生成的图形首次拆分后将会成为（   ）个对象。

A. 2　　　　　　　　　B. 3　　　　　　　　　C. 4　　　　　　　　　D. 多

4. 交互式填充工具的作用是（   ）。

A. 填充渐变　　　　　　　　　　　　　　B. 填充纹理

C. 填充单色　　　　　　　　　　　　　　D. 填充除网格填充之外的各种颜色和图案

5. 制作负片效果可用（   ）透镜。

A. 位图效果　　　　　B. 灰度浓淡　　　　　C. 自定义彩色图　　　D. 反转

三、简答题

1. 阴影工具和块阴影工具有何区别？

2. 简述编辑 PowerClip 对象内容的方法。

CorelDRAW
2020

文本分为美术文本和段落文本。CorelDRAW 2020 具备了专业文字处理软件和专业彩色排版软件的强大功能，除了能对文本做一些基础的编排处理之外，还可以进行复杂的特效文本处理，制作出美观新颖的文本效果。

学习目标

- 熟练掌握美术文本创建与编辑的方法
- 熟练掌握段落文本创建与编辑的方法

7.1 美术文本的创建及编辑

美术文本的创建及编辑非常简单，美术文本的编辑包括设置大小、字体、颜色及字符的插入等。

7.1.1 美术文本的创建及选项栏

要在页面中创建美术文本，只需选择工具箱中的文字工具后在页面上单击鼠标，然后输入相应的文字即可，其操作步骤如下。

步骤 01 新建一个空白文件，选择工具箱中【文本工具】字。

步骤 02 在文件窗口适当位置单击鼠标，单击处出现闪动的光标。

步骤 03 通过键盘直接输入要编辑的文字。

步骤 04 创建美术文本后通常要设置文本字体类型、字号大小、粗细、对齐方式及文本的排列方式等基本属性。其选项栏如图 7-1 所示，选项栏中各参数含义如下：

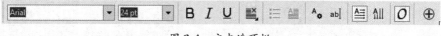

图 7-1 文本选项栏

- 字体列表下拉按钮 Arial ：可以选择需要的字体，如图 7-2 所示。
- 字体大小列表下拉按钮 12 pt ：可以选择需要的字号，如图 7-3 所示。

图 7-2 设定文字字体

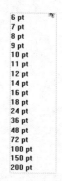

图 7-3 设定文字大小

- 按钮 B I U ：可以设定字体为粗体、斜体或下划线等属性。
- 按钮 ≣：可以在其下拉列表框中选择文本的对齐方式，如图 7-4 所示。
- 按钮 ≣ ⫶⫶⫶：可以设置文本的排列方式为水平或垂直。
- 【编辑文本】按钮 abI：可以打开【编辑文本】对话框，如图 7-5 所示，很方便地编辑文本各属性。

图 7-4　对齐方式

图 7-5　【编辑文本】对话框

7.1.2　插入特殊字符

在编辑文本时，经常会输入各种特殊字符，使用【字形】命令可以很轻松地插入各种字符。其操作步骤如下。

步骤 01　输入文字后，单击要插入字符的位置，即可出现闪动的光标，如图 7-6 所示。

图 7-6　插入字符的位置

步骤 02　执行【文本】→【字形】命令，打开【字形】泊坞窗。

步骤 03　在【整个字体】下拉列表框中选择需要的符号库，在符号库中双击选中的符号，如图 7-7 所示，字符就插入到了文本中指定的位置，如图 7-8 所示。

图 7-7　【插入字符】泊坞窗

图 7-8　插入字符

7.1.3 更改大小写

CorelDRAW 具有更改英文字母大小写的功能，根据需要可选择句首字母大写、全部小写或全部大写等形式。其操作步骤如下。

选中文本，执行【文本】→【更改大小写】命令，弹出【更改大小写】对话框，如图 7-9 所示。

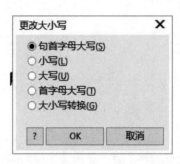

图 7-9 【改变大小写】对话框

对话框中各选项含义如下：

- 选中【句首字母大写】单选按钮，可以将当前句子的第 1 个单词的首字母大写。
- 选中【小写】单选按钮，可以将所有的字母转换为小写。
- 选中【大写】单选按钮，可以将所有的字母转换为大写。
- 选中【首字母大写】单选按钮，可以将每个单词的第 1 个字母大写。
- 选中【大小写转换】单选按钮，可以将大写转为小写，将小写转为大写。

课堂范例——制作图文结合文字

步骤 01 按【F8】键，输入文字，字体为方正珊瑚简体，如图 7-10 所示。按【Ctrl+Q】快捷键，将文字转曲，选择工具箱中【形状工具】，选中文字中部分节点，按【Delete】键，将其删除，如图 7-11 所示。

图 7-10 输入文字

图 7-11 删除节点

步骤 02 选择工具箱中【钢笔工具】，绘制图 7-12 所示的图形。按【G】键，填充图形颜色为酒绿到月光绿的渐变色，如图 7-13 所示。

图 7-12 绘制图形

图 7-13 填充渐变色

步骤 03 按【G】键，填充另一图形为相同的渐变色，如图 7-14 所示。选择工具箱中【钢笔工具】 ，绘制叶脉图形。填充图形为白色，如图 7-15 所示。

图 7-14 填充渐变色

图 7-15 绘制叶脉图形

步骤 04 按【Ctrl+I】快捷键，导入"素材文件 \ 第 7 章 \ 茶 .jpg"文件，如图 7-16 所示。按【Shift+Pgdn】快捷键，将其调整到最下面一层。将文字颜色改为白色，最终效果如图 7-17 所示。

图 7-16 导入素材

图 7-17 最终效果

7.2 段落文本的创建和编辑

段落文本常用于杂志、书刊或报刊排版编辑。利用段落文本可以制作出非常复杂而漂亮的版面。本节将介绍段落文本的创建、分栏、表格的应用等内容。

7.2.1　文本的创建

创建段落文本的方法与美术文本不同，其操作步骤如下。

步骤 01　新建一个空白文件，选择工具箱中【文本工具】**字**。

步骤 02　用鼠标在绘图页面中拖出矩形文本框，这时文字光标将出现在文本框的左上角。在光标后输入文本即可。

7.2.2　段落文本分栏

选中文本，执行【文本】→【栏】命令，打开【栏设置】对话框，设定【栏数】和【栏间宽度】的值，如图 7-18 所示，单击【确定】按钮即可将分栏效果应用于段落文本。

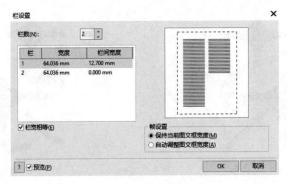

图 7-18　【栏设置】对话框

7.2.3　设置段落项目符号和编号

选中文本，如图7-19所示，执行【文本】→【项目符号和编号】命令，打开【项目符号和编号】对话框，在对话框中勾选【列表】复选框，可以设置项目符号样式，如图 7-20 所示。单击【OK】按钮，得到图 7-21 所示的效果。选择【数字】选项，则能添加编号。

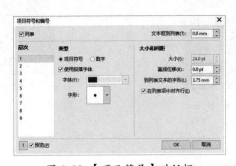

图 7-19　选中文本　　　图 7-20　【项目符号】对话框　　　图 7-21　添加项目符号

温馨提示　只有段落文本能使用项目符号，美术文本不能使用项目符号。

7.2.4　将文本置入框架中

绘制一个框架图形，如图 7-22 所示。选择工具箱中【文本工具】**字**，将光标放到图形边框，显示图 7-23 所示的光标时，单击鼠标。

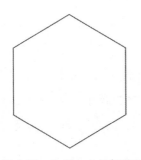

图 7-22　绘制一个框架图形

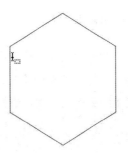

图 7-23　放置光标

此时，输入的文字会沿着框架排列，如图 7-24 所示。改变图形对象的大小，文字大小不会变化，如图 7-25 所示。

图 7-24　创建段落文本

图 7-25　文字无变化

7.2.5　段落文本的链接

如果文本框中的文本比较长，在一个段落文本框中不会完全显示出来，这时就要用到段落文本框的链接操作。

选中段落文本，如果文本框中的文本超出了文本框的范围，在文本框的下面会有一个 ▼ 图标，单击此图标后，将光标移到要链接的文本框上，此时光标变为箭头图标，如图 7-26 所示。单击新的文本框，即可链接，如图 7-27 所示。

图 7-26　单击 ▼ 图标　　　　　　　　　图 7-27　链接段落文本

段落文本除了与文本框的链接外，还可以和矩形、圆等各种图形对象链接。选中文本框或对象后，执行【对象/拆分】命令可取消链接。

7.2.6 表格的应用

下面以一个实例的操作讲解表格工具的使用，其操作步骤如下。

步骤 01 选择工具箱中【表格工具】，在选项栏中设置行数为 4，列数为 3，绘制图 7-28 所示的表格。按【F8】键，分别在表格中单击，输入文字，如图 7-29 所示。

X: 155.0 mm	.0 mm	4
Y: 240.0 mm	.0 mm	3

图 7-28 绘制表格

编号	进厂日期	价格
A1	2021.3.7	2500
A2	2021.5.1	2650
A3	2021.6.1	2830

图 7-29 输入文字

步骤 02 分别选中第一行的文字，设置字体为方正大黑简体，如图 7-30 所示。按住鼠标左键，框选所有表格，如图 7-31 所示。

编号	进厂日期	价格
A1	2021.3.7	2500
A2	2021.5.1	2650
A3	2021.6.1	2830

图 7-30 改变字体

编号	进厂日期	价格
A1	2021.3.7	2500
A2	2021.5.1	2650
A3	2021.6.1	2830

图 7-31 框选所有表格

步骤 03 执行【文本】→【文本】命令，打开【文本】对话框，单击面板中【居中】按钮，在【图文框】区域中，选择【居中垂直对齐】命令，如图 7-32 所示，文字对齐效果如图 7-33 所示。

图 7-32　文字水平与居中垂直对齐

编号	进厂日期	价格
A1	2021.3.7	2500
A2	2021.5.1	2650
A3	2021.6.1	2830

图 7-33 文字水平居中垂直对齐效果

步骤 04　选择【表格工具】⊞，按住【Ctrl】键，在第一行的表格左边单击选中整行，如图 7-34 所示，单击调色板中蓝色图标，填充第一行表格为冰蓝色，如图 7-35 所示。

编号	进厂日期	价格
A1	2021.3.7	2500
A2	2021.5.1	2650
A3	2021.6.1	2830

图 7-34　框选第一行的表格

编号	进厂日期	价格
A1	2021.3.7	2500
A2	2021.5.1	2650
A3	2021.6.1	2830

图 7-35　填充第一行表格为冰蓝色

步骤 05　选择【表格工具】⊞，按住【Ctrl】键，在第一列的表格上边单击选中整行，再单击减选第一行，选择图 7-36 所示的表格，单击调色板中黄色图标，填充表格为黄色，如图 7-37 所示。

编号	进厂日期	价格
A1	2021.3.7	2500
A2	2021.5.1	2650
A3	2021.6.1	2830

图 7-36　框选表格

编号	进厂日期	价格
A1	2021.3.7	2500
A2	2021.5.1	2650
A3	2021.6.1	2830

图 7-37　填充表格为黄色

步骤 06　将光标放在图 7-38 所示的位置，出现箭头时即可拖动调整表格宽度，如图 7-39 所示。将光标放在表格横线上，还可调整表格高度。

编号	进厂日期	价格
A1	2021.3.7	2500
A2	2021.5.1	2650
A3	2021.6.1	2830

图 7-38　放置光标

编号	进厂日期	价格
A1	2021.3.7	2500
A2	2021.5.1	2650
A3	2021.6.12	2830

图 7-39　调整表格宽度

步骤 07 选择【表格工具】田，按住【Ctrl】键，在表格左上角单击选中整表，在选项栏中单击【边框选择】按钮田，选择边框为"外部"，如图 7-40 所示；设置边框为 1mm，颜色为蓝色，如图 7-41 所示。

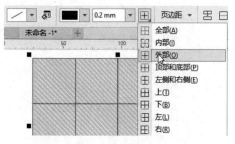

图 7-40 选择边框

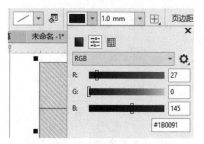

图 7-41 设置边框宽度与颜色

步骤 08 通过前面的操作，预览效果如图 7-42 所示，最终效果如图 7-43 所示。

编号	进厂日期	价格
A1	2021.3.7	2500
A2	2021.5.1	2650
A3	2021.6.12	2830

图 7-42 预览效果

编号	进厂日期	价格
A1	2021.3.7	2500
A2	2021.5.1	2650
A3	2021.6.12	2830

图 7-43 表格最终效果

■ 课堂范例——时尚杂志内页排版

步骤 01 按【F6】键，绘制一个矩形，如图 7-44 所示。按【Ctrl+I】快捷键，导入"素材文件 \ 第 7 章 \ 美女 .jpg"文件，如图 7-45 所示。

图 7-44 绘制矩形

图 7-45 放置素材

步骤 02 选中素材图片，按住鼠标右键，将图片拖动到矩形中，当光标变为⊕形状时释放鼠标，在弹出的快捷菜单中选择【PowerClip 内部】命令，编辑图片的位置，得到如图 7-46 所示的效果。按【F8】键，输入文字，字体为方正大黑简体，如图 7-47 所示。

图 7-46 裁剪图形

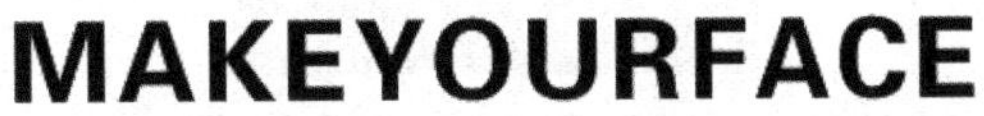

MAKEYOURFACE

图 7-47 输入文字

步骤 03 将文字放于杂志上面，调整文字的高度。执行【对象】→【拆分美术字】命令，将文字拆分。改变文字的颜色为黄色、洋红、绿色、蓝色和白色这四种颜色，如图 7-48 所示。

步骤 04 按【F8】键，输入文字，字体为方正琥珀简体，左边文字颜色为白色，右边文字颜色为绿色，如图 7-49 所示。

图 7-48 改变颜色

图 7-49 输入文字

步骤 05 选择工具箱中【矩形工具】▢，单击选项栏中【圆角】按钮◠，设置【圆角半径】为 5mm，填充颜色为黄色，如图 7-50 所示。按【F8】键，输入文字，字体为方正综艺简体。按【F10】键，调整文字的间距，如图 7-51 所示。

图 7-50 绘制矩形

图 7-51 调整间距

步骤 06 按【F8】键，输入文字，文字颜色为蓝色、黄色、洋红，如图 7-52 所示。按【F8】

键，输入英文，颜色为白色，如图 7-53 所示。

图 7-52　输入文字

图 7-53　输入英文

步骤 07　按【F7】键，绘制一个圆，填充圆的颜色为白色，如图 7-54 所示。单击工具箱中【变形工具】按钮🔲，单击选项栏中的【拉链变形】按钮🔲，从图形上拖动，得到图 7-55 所示的效果。

步骤 08　按小键盘上【+】键，在原处复制一个图形。按住【Shift】键，向内等比例缩小图形。改变复制的图形颜色为蓝色，如图 7-56 所示。

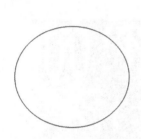

图 7-54　绘制圆

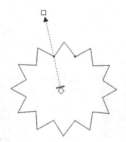

图 7-55　变形

图 7-56　复制图形

步骤 09　按【F8】键，输入文字，字体为方正少儿简体，如图 7-57 所示。将图标放到杂志右下角，本例最终效果如图 7-58 所示。

图 7-57　输入文字

图 7-58　最终效果

课堂问答

在学习了本章的文字的编排使用后，还有哪些需要掌握的难点知识呢？下面将为读者讲解本章的疑难问题。

问题1：美术文本和段落文本可以互相转换吗？

答：美术文本和段落文本可以互相转换，执行【文本】→【转换】命令或按【Ctrl+F8】快捷键，可以将美术文本和段落文本互转。但是需注意下列情况无法转换。

（1）加了封套、变形等效果的。

（2）段落文本未显示完整的。

（3）非【文本工具】字拉出的文本框。

问题2：如何查看段落文本中的文字是否显示完整？

答：选中段落文本，如果文本中的文字没有显示完整，在文本框最下方会有一个向下的黑色三角形符号，如图7-59所示。

问题3：文字转曲后还可以编辑吗？

答：文字转曲后属性发生了改变，变成了普通的对象，不再具有文本的属性，不能进行改变字体、编辑文本等操作。所以，转曲前最好能做一个备份，以便于后期修改。

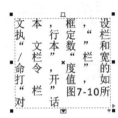

图 7-59　黑色三角形符号

上机实战——广告标题文字设计

为了让读者能巩固本章知识点，下面讲解一个技能综合案例，使大家对本章的知识有更深入的了解。

本例是设计一个广告标题文字，首先输入文字，调整文字大小与位置。再使用轮廓图工具制作轮廓效果，最后使用立体化工具制作立体效果。

制作步骤

步骤 01 按【F8 键】，输入文字，字体为方正综艺简体，如图 7-60 所示。选中数字【5】与文字【午】，改变文字大小，如图 7-61 所示。

图 7-60　输入文字

图 7-61　改变文字大小

步骤 02 选择工具箱中【形状工具】，将光标置于文字左下角的控制点上，如图 7-62 所示。调整文字位置，如图 7-63 所示。

图 7-62　放置光标

图 7-63　调整文字位置

步骤 03 按【G】键，为文字填充蓝色到白色的渐变色，如图 7-64 所示。选择工具箱中【轮廓图工具】，在图形上拖动，得到图 7-65 所示的轮廓图效果。

图 7-64　填充渐变色

图 7-65　轮廓图效果

步骤 04 按【Ctrl+K】快捷键，拆分文字，改变轮廓图形的颜色为绿色，如图 7-66 所示。选择工具箱中【立体化工具】，从文字上向下拖动鼠标，制作立体效果。单击选项栏中【立体化颜色】按钮，设置颜色为深蓝到蓝色的渐变色，如图 7-67 所示。

图 7-66 改变颜色

图 7-67 设置立体化颜色

步骤 05 选中图形上的✖符号，调整立体化效果，如图 7-68 所示。选中最外面的轮廓图形，选择工具箱中【立体化工具】❀，单击选项栏中【复制立体化属性】按钮❀，单击文字的立体部分，如图 7-69 所示。

图 7-68 立体化效果

图 7-69 单击文字的立体部分

步骤 06 复制立体化效果如图 7-70 所示。选中图形上的✖符号，调整立体化效果，如图 7-71 所示。

图 7-70 复制立体化效果

图 7-71 调整立体化效果

步骤 07 单击选项栏中【立体化颜色】按钮❀，改变立体颜色为绿色到浅绿色的渐变色，如图 7-72 所示，最终效果如图 7-73 所示。

图 7-72 改变立体颜色

图 7-73 最终效果

🌐 同步训练——制作网页弧线文字

为了增强读者动手能力，下面安排一个同步训练案例，让读者达到举一反三、触类旁通的学习效果。

图解流程

思路分析

本例是制作一个网页弧线文字，首先绘制路径，使用文字沿路径输入文字。为文字应用阴影效果，并复制阴影效果。

关键步骤

步骤 01 按【Ctrl+I】快捷键，导入"素材文件\第 7 章\儿童 .jpg"文件。选择工具箱中【钢笔工具】，绘制图 7-74 所示的曲线。按【F8】键，在曲线上输入文字，字体为方正综艺简体，如图 7-75 所示。

图 7-74　绘制曲线

图 7-75　在曲线上输入文字

步骤 02　拆分路径与文字，删除路径。选中品牌名称，改变文字颜色，如图 7-76 所示。选中下面的文字，选择工具箱中【阴影工具】🔲，为其应用阴影效果，如图 7-77 所示。

图 7-76　改变文字颜色

图 7-77　应用阴影效果

步骤 03　选中上面的文字，单击选项栏中【复制阴影属性】按钮🔲，用箭头单击文字的阴影部分，如图 7-78 所示，复制阴影如图 7-79 所示。

图 7-78　用箭头单击

图 7-79　复制阴影

📎 知识能力测试

本章讲解了如何在 CorelDRAW 中编辑文字，为对知识进行巩固和考核，下面布置相应的练习题。

一、填空题

1. 将文字或图形对象转换为曲线的快捷键是 _____。

2. 在编辑文本时，经常会输入各种特殊字符，使用 _____ 命令可以很轻松地插入各种字符。

3. 若要解除段落文本与图形之间的链接，可以使用 _____ 命令

二、选择题

1. CorelDRAW 中表格工具不能进行的操作是以下哪项（　　　）。

A. 拆分为矩形　　　　B. 改表格颜色　　　　C. 文字居中　　　　D. 改轮廓粗细

2. 以下关于文本的说法错误的是（　　　）。

A. 美术文本可以创建项目符号　　　　　　B. 段落文本可以分栏

C. 字母可以更改大小写　　　　　　　　　D. 文本可以进行链接

3. 要编排大量文字，宜选择（　　　）

A. 段落文本　　　　　B. 字符文本　　　　C. 美术文本　　　　D. 以上均可

4. 若使用"文字适合路径"命令后，文字却没有适合路径，原因有可能是（　　　）

A. 文字是美术文本　　　　　　　　　B. 文字是段落文本

C. 文字被转曲　　　　　　　　　　　D. 路径上已经有文字

三、简答题

1. 在广告标题设计中，很多时候文字并不是单一的字体，需要进行局部的变化，在 CorelDRAW 中如何进行此操作呢？

2. 段落文本和美术文本可以互相转换吗，如果可以，如何操作？

CorelDRAW
2020

CorelDRAW 具有强大的位图处理功能，包括裁剪位图、改变位图颜色等。此外，还可以为位图添加很多特殊效果，包括三维效果、艺术笔触、模糊、轮廓图、扭曲、杂点和鲜明化类型。用户使用这些滤镜可以制作出各种不同的图像效果。

学习目标

- 学会编辑位图的方法
- 熟悉位图的颜色模式
- 熟练掌握调整位图色调的方法
- 熟练掌握复位图滤镜效果

8.1 编辑位图

CorelDRAW 不但可以编辑矢量图，还可以编辑位图，并且可以将矢量图与位图进行相互转换。

8.1.1 将矢量图转换成位图

在编辑矢量图过程中，有时要对矢量图某些细节进行修改，就必须先将矢量图转换为位图。使用工具箱中的【挑选工具】选择需要转换的图形，如图 8-1 所示，执行【位图】→【转换为位图】命令，打开如图 8-2 所示的【转换为位图】对话框。其中各选项含义如下。

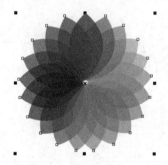

图 8-1　选择矢量图形

图 8-2　【转换为位图】对话框

- 颜色模式：在颜色下拉列表中选择矢量图转换成位图后的颜色类型。
- 分辨率：在分辨率下拉列表中选择转换成位图后的分辨率。
- 【光滑处理】复选框：可以使图形在转换的过程中消除锯齿，使边缘更加平滑。
- 【透明背景】复选框：如果不勾选此复选框，背景将会有一个白色矩形。

8.1.2 将位图转换为矢量图

位图和矢量图可以互相转换。选择工具箱中【挑选工具】选取图像，如图 8-3 所示。在选项栏中执行【描摹位图】→【轮廓描摹】→【高质量图像】命令，如图 8-4 所示。

图 8-3　选取图像

图 8-4　执行命令

打开【PowerTRACE】对话框，如图 8-5 所示。单击【OK】按钮，系统将自动根据位图描摹出一幅矢量图，如图 8-6 所示。

图 8-5　【PowerTRACE】对话框

图 8-6　描摹出一幅矢量图

8.1.3　改变图像属性

使用【重新取样】命令，可以重新改变图像的属性，其操作方法如下。

步骤 01　使用【挑选工具】选取需要重新取样的图像。

步骤 02　执行【位图】→【重新取样】命令，打开如图 8-7 所示的对话框。

其中各项含义如下。

- 【图像大小】选项组：设置图像的【宽度】和【高度】尺寸参数及使用单位。
- 【分辨率】选项组：设置图像的【水平】和【垂直】方向的分辨率。
- 【模式】单选按钮：选择图像处理的算法。
- 【保持纵横比】复选框：可以在变换的过程中保持原图的大小比例。
- 【保持原始大小】复选框：可以使变换后的图像仍旧保持原来文件的大小。

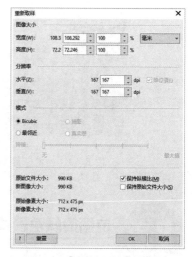

图 8-7　【重新取样】对话框

8.1.4　裁剪位图

在前面介绍了位图的导入，这里介绍位图的裁剪。其操作步骤如下。

步骤 01　在位图导入前，在【导入】对话框中的右下角选择【裁剪并装入】选项，如图 8-8 所示。

步骤 02　在对话框中选择文件名，单击【导入】按钮，这时会打开【裁剪图像】对话框，如

图 8-9 所示。

图 8-8 【导入】对话框

图 8-9 【裁剪图像】对话框

步骤 03　在【裁剪图像】对话框中，确定位图保留的区域，如图 8-10 所示。单击【OK】按钮，就将裁剪后的位图导入到工作区了，如图 8-11 所示。

图 8-10　确定保留区域

图 8-11　导入图片

8.2 位图的颜色模式

在 CorelDRAW 中处理的图像的颜色以颜色模式为基础，颜色模式定义图像的颜色特征，并由组成图像的各种颜色来描述。下面介绍几种常用的颜色模式。

8.2.1 黑白模式

黑白模式属 1 位颜色模式，这种模式可以将图像保存为两种颜色，通常是黑色和白色，没有灰度级别。这种模式可以清晰地显示出位图的线条及轮廓图，比较适用于艺术线条和一些简单的图形。

选择一幅位图，执行【位图】→【模式】→【黑白】命令，弹出【转换至1位】对话框，如图8-12所示。在对话框中设置好参数后，单击【OK】按钮即可。

图 8-12 【转换至 1 位】对话框

8.2.2 灰度模式

执行【位图】→【模式】→【灰度】命令，可以将彩色位图转换为灰度图像，从而产生类似于黑白照片的效果。灰度图像中每个像素共分了 256 阶（从 0 到 255），0 代表黑色，255 代表白色，黑白印刷就是采用这种模式。位图转换为灰度模式后再转换为 RGB 或 CMYK 模式，原位图的颜色不能再恢复。

将图像转换为灰度模式的具体操作如下。

步骤 01 按【Ctrl+I】快捷键，导入"素材文件 \ 第 8 章 \ 美女 .jpg"文件，如图 8-13 所示。

步骤 02 执行【位图】→【模式】→【灰度】命令，图像变为如图 8-14 所示的效果。

图 8-13 导入素材

图 8-14 最终效果

8.2.3　双色调

双色调模式也是灰度级模式，这种模式可以在灰级图像中添加色彩，通过色调曲线设置能创建出特殊的图像效果。双色调图像有四种类型：单色调、双色调、三色调和四色调。

8.2.4　调色板

调色板颜色模式又叫索引模式，适用于 Web 上显示的图像，将图像转换为调色板颜色模式时，会给每个像素分配一个固定的颜色值。这些颜色值存储在一个简洁的颜色表（即调色板）中，最多包含 256 种色。调色板模式的图像文件应用较小，对于颜色范围有限的图像，将其转换为调色板颜色模式时效果最佳。

8.2.5　RGB颜色

选中位图，执行【位图】→【模式】→【RGB 颜色】命令，位图的颜色将会转换为 RGB 模式。RGB 模式是 24 位色组成的颜色模式，由红、绿、蓝三原色按一定百分比来创建颜色。每一种原色都有 256 级（0 到 255），组合起来就可以创建出丰富的颜色。

8.2.6　Lab颜色

选中位图，执行【位图】→【模式】→【Lab 颜色】命令，能使位图的颜色转换为 Lab 模式。Lab 模式也是 24 位的颜色模式，此模式包含 CMYK 和 RGB 两种颜色模式的色谱。该颜色模式的创建基于亮度（L）的颜色和两个色度组件 a 和 b。a 组件是绿到红的一系列颜色组成；b 组件是蓝到黄的一系列颜色组成。

8.2.7　CMYK颜色

选中位图，执行【位图】→【模式】→【CMYK 颜色】命令，能把位图的颜色转换为 CMYK 模式。此模式是 32 位的颜色模式，为大多数全色商用打印提供标准的颜色模型。这种模式包括四种墨水颜色，分别是青色（Cyan）、品红（Magenta）、黄色（Yellow）和黑色（Black）。这四种颜色按照不同的百分比进行混合，可创建出大多数需要的颜色。

📖 课堂范例——将彩色图片变为黑白照片

步骤 01　按【Ctrl+I】快捷键，导入"素材文件 \ 第 8 章 \ 樱桃 .jpg"文件，如图 8-15 所示。

步骤 02　选中图片，执行【效果】→【调整】→【取消饱和】命令，得到如图 8-16 所示的效果。

图 8-15　导入素材

图 8-16　最终效果

8.3 调整位图的色调

导入页面中的位图效果并不一定是用户想要的效果，用户可以根据需要将位图进行调整，如调整其色调、饱和度、亮度等，从而得到自己想要的效果。

8.3.1　亮度/对比度/强度

选中位图，执行【效果】→【调整】→【亮度 / 对比度 / 强度】命令，弹出【亮度 / 对比度 / 强度】对话框。拖动滑杆可设置对象亮度、对比度、强度的调整值，也可在其后的文本框中直接输入数值，勾选【预览】复选框可预览当前参数设置下的对象效果；单击【重置】按钮可将参数值复原为默认值，调整前后的图像对比如图 8-17 所示。

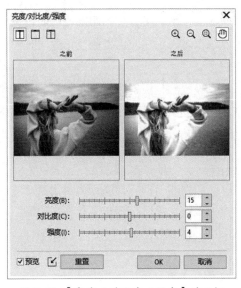

图 8-17　【亮度 / 对比度 / 强度】对话框

8.3.2 颜色平衡

【颜色平衡】可在 CMYK 和 RGB 颜色值之间变换绘图的颜色模式，可以增加或减少红色、绿色、蓝色色调的数量，还可以通过【颜色平衡】过滤器改变整个图像的色度值。

选中位图，执行【效果】→【调整】→【颜色平衡】命令，打开【颜色平衡】对话框，如图 8-18 所示。

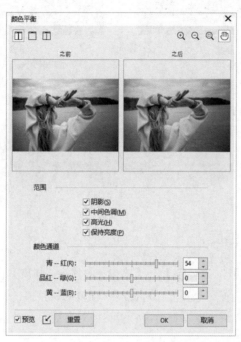

图 8-18 【颜色平衡】对话框

在范围选项中可选择色彩平衡的区域，主要包括阴影、中间色调、高光和保持亮度选项，在调整颜色时，勾选【保持亮度】复选框，表示在应用颜色校正的同时保持绘图的亮度级，禁用时表示颜色校正将影响绘图的颜色变深。

通过【颜色通道】滑块，可以设置颜色级别。拖动【青－红】滑块向右移动表示添加红色，向左移动滑块表示添加青色；拖动【品红－绿】滑块向右移动滑块表示添加绿色，向左移动表示添加品红色；拖动【黄－蓝】滑动块向右移动表示添加蓝色，向左移动滑块表示添加黄色。

8.3.3 色度/饱和度/亮度

【色度 / 饱和度 / 亮度】命令通过改变色度、饱和度和亮度的值，调整绘图中的颜色和浓度，如图 8-19 所示。

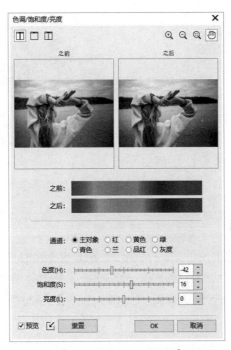

图 8-19　【色调 / 饱和度 / 亮度】对话框

　　选中位图，执行【效果】→【调整】→【色度 / 饱和度 / 亮度】命令，打开【色度 / 饱和度 / 亮度】对话框，在对话框中可以对位图的色度、饱和度和亮度进行调整，勾选【预览】复选框，可以查看调整后的位图效果。

课堂范例——调整图片亮度饱和度

步骤 01　按【Ctrl+I】快捷键，导入"素材文件 \ 第 8 章 \ 花 .jpg"文件，如图 8-20 所示。

图 8-20　导入素材

步骤 02　选中图片，执行【效果】→【调整】→【色度 / 饱和度 / 亮度】命令，打开【色度 / 饱和度 / 亮度】对话框，参数设置如图 8-21 所示。单击【OK】按钮，得到如图 8-22 所示的效果。

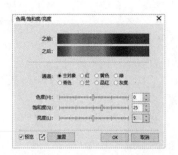

图 8-21 【色调 / 饱和度 / 亮度】对话框

图 8-22　最终效果

8.4 位图滤镜效果

滤镜主要用于在位图中创建一些普通编辑难以完成的特殊效果，CorelDRAW 中的多数滤镜都使用对话框的形式来处理输入的参数，同时预览框可以方便读者观察使用滤镜后的效果。在 CorelDRAW 中共包括十几组滤镜，它们都位于【位图】菜单中。

8.4.1　【三维效果】滤镜组

三维滤镜组主要用于使位图产生三维特效，可以为图像快速添加深度和维度。制作三维效果，就是通过对二位图像进行三维的变化，产生三维的立体化效果，使图像具有空间深度感。

执行【效果】→【三维效果】命令，展开【三维效果】菜单，如图 8-23 所示。下面介绍其中常用的几种滤镜。

图 8-23　【三维效果】菜单

1.【三维旋转】滤镜

三维旋转滤镜可以通过拖放三维模型（位于滤镜对话框左下方），在三维空间中旋转图像；也可以在水平或垂直文本框中输入旋转值，旋转值在"-75°到 +75°"之间，如图 8-24 所示。

2.【浮雕】滤镜

浮雕滤镜效果用来在对象上创建突出或凹陷的效果。通过修改图像的光源，完成浮雕效果。为了形象化该效果，想象在图像周围有一个圆型区域，可在该圆型区域的任何位置放置图像的照射光源。从圆型区域左上方放置照射图像的光源（大约在 135° 的位置），可以创建突出的效果图像。在光源相反的方向添加阴影效果（如果光源在左上角，就应该在右下方放置阴影），可以强化浮雕效果，如图 8-25 所示。

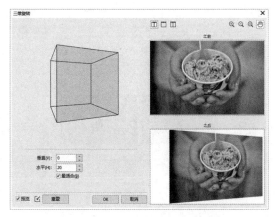

图 8-24 【三维旋转】对话框

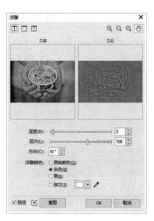

图 8-25 【浮雕】对话框

3.【挤远/挤近】滤镜

此滤镜用来覆盖图像的中心位置，使图像接近自己或远离自己。挤远图像的中心区域，会使图像远离自己；挤近图像的中心区域，会使图像显得更接近自己。挤远效果可以使用 +1~+100 的比例，如图 8-26 所示；挤近效果使用 -1~-100 的比例，如图 8-27 所示。

图 8-26 挤远效果

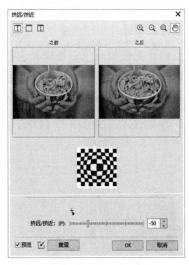

图 8-27 挤近效果

8.4.2 【艺术笔触】滤镜组

【艺术笔触】滤镜组可以把图形转换成类似使用各种绘画方法绘制的图像，包括各种自然绘制工具及自然绘制风格，如炭笔、印象派等，执行【位图】→【艺术笔触】命令，将弹出如图 8-28 所示的子菜单。下面介绍其中常用的几种滤镜。

1.【炭笔画】滤镜

使用【炭笔画】命令，可以使图像产生一种素描效果。炭笔的大小和边缘的浓度可以在 1~10 的比例之间调整。图 8-29 为【炭笔画】对话框。

图 8-28 【艺术笔触】子菜单

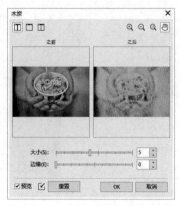

图 8-29 【炭笔画】对话框

2.【印象派】效果滤镜

印象派绘画认识到色彩随着观察位置，受光状态的不同和环境的影响而发生变化。印象派滤镜模拟了油性颜料生成的效果。对话框中的样式选项可以用来在大笔触和小笔触间选择，技术选项可以设置笔触的强度、着色的数量及亮度总量，如图 8-30 所示。

3.【素描】滤镜

素描滤镜用来模拟使用石墨或彩色铅笔的素描。对话框中的铅笔类型区域可以决定使用碳色铅笔（灰色外观）还是颜色铅笔生成图像的素描画。轮廓设置可以调整图像边缘的厚度。

选中位图，执行【位图】→【艺术笔触】→【素描】命令，弹出【素描】对话框。选择铅笔类型为碳色，参数设置完成后单击【OK】按钮，得到如图 8-31 所示的效果。

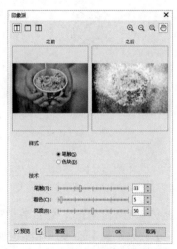

图 8-30 【印象派】对话框

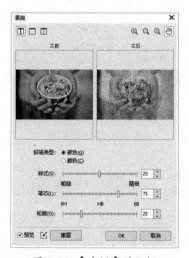

图 8-31 【素描】对话框

8.4.3　【模糊】滤镜组

CorelDRAW 2020 包含了丰富多样的模糊滤镜。模糊滤镜组主要用来编辑导入位图和创建特殊效果，模糊滤镜组的工作原理是平滑颜色上的尖锐突出。执行【效果】→【模糊】命令，将弹出如图 8-32 所示的子菜单，其中显示了 CorelDRAW 2020 提供的 11 种模糊滤镜。下面介绍其中常用的几种滤镜。

1.【高斯式模糊】滤镜

高斯式模糊是最常用的模糊效果，高斯式模糊滤镜在润色过程中通常使用较低的值，而较高的值总是用来创建模糊的特殊效果。高斯式模糊滤镜比传统的平滑模糊具有更多的随机效果。图 8-33 为【高斯式模糊】对话框。

图 8-32　【模糊】子菜单

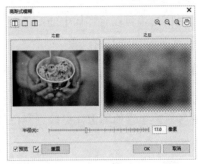

图 8-33　【高斯式模糊】对话框

2.【动态模糊】滤镜

动态模糊滤镜是一个非常受欢迎的滤镜，通常用来创建运动效果。动态模糊滤镜通过只在某一个角度上集中应用模糊效果，创建运动效果，该角度可以在滤镜对话框中定义，如图 8-34 所示。

3.【放射式模糊】滤镜

放射式模糊滤镜创建了一种从中心位置向外辐射的模糊效果。距离中心位置越远，模糊效果越强烈。默认情况下，模糊中心是图像的中心位置。选择滤镜对话框中的【拾取中心点】工具，然后单击图像，可以修改中心位置，如图 8-35 所示。

图 8-34　【动态模糊】对话框

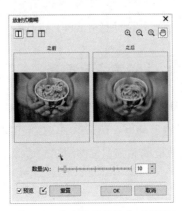

图 8-35　【放射式模糊】对话框

8.4.4 【颜色转换】滤镜组

执行【效果】→【颜色转换】命令，可以打开如图8-36所示的子菜单，CorelDRAW 2020 为用户提供了四种颜色转换滤镜。下面介绍其中常用的滤镜。

图 8-36 【颜色转换】子菜单

1.【梦幻色调】滤镜

梦幻色调滤镜可以将图像中的颜色变为明快、鲜亮的颜色，从而产生一种高对比度的幻觉效果。图8-37为【梦幻色调】对话框。

2.【曝光】滤镜

曝光滤镜是把图像转化为类似照片负片的效果，较低的值会产生颜色较深的图像，而较高的值可以创建颜色更丰富的图像，更接近彩色底片的效果。图8-38为【曝光】对话框。

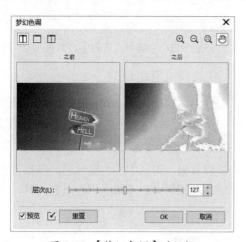

图 8-37 【梦幻色调】对话框

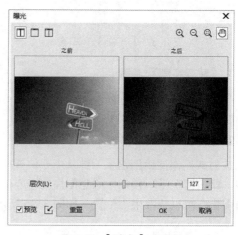

图 8-38 【曝光】对话框

8.4.5 【轮廓图】滤镜组

【轮廓图】滤镜组确定了图像中的边缘和轮廓，执行【效果】→【轮廓图】命令，将弹出如图8-39所示的子菜单。在菜单中，CorelDRAW 2020 为用户提供了三种轮廓图滤镜，利用这些滤镜，可以轻松地检测和强调位图图像的边缘。

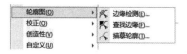

图 8-39　【轮廓图】子菜单

1.【边缘检测】滤镜

边缘检测滤镜寻找图像中的边缘，并使用线条和曲线替代边缘。这个滤镜通常会产生比其他轮廓更细微的效果，可以使用对话框中的背景颜色拾取工具设置图像的背景色。图 8-40 为【边缘检测】对话框。

2.【查找边缘】滤镜

查找边缘滤镜同边缘检测非常相似，但是包含更多选项。查找边缘滤镜可以对柔和边缘或更分明的边缘进行可靠的查找，层次选项用来设置效果的强度。图 8-41 为【查找边缘】对话框。

图 8-40　【边缘检测】对话框

图 8-41　【查找边缘】对话框

8.4.6　【创造性】滤镜组

执行【效果】→【创造性】命令，将弹出如图 8-42 所示的子菜单，在子菜单中列举了 CorelDRAW 2020 提供的 11 种创造性滤镜。下面介绍其中常用的几种滤镜。

1.【织物】滤镜

织物滤镜能模拟纺织品效果。图 8-43 为【织物】对话框。

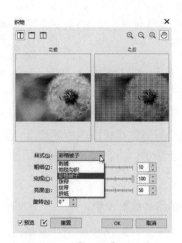

图 8-42 【创造性】子菜单　　　　　　　图 8-43 【织物】对话框

2. 【框架】滤镜

框架滤镜是用来在位图的周围添加框架，对话框有选择和修改两个选项卡。选择选项卡用来选择框架，并为选取列表添加新框架。一旦选择了一个框架，修改选项卡就会提供自定义框架外观选项。图 8-44 为【图文框】对话框。

3. 【虚光】滤镜

虚光滤镜可以为图像添加矩形、椭圆形等羽化边缘效果，如图 8-45 所示。

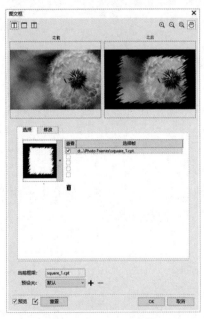

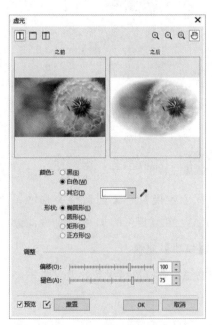

图 8-44 【图文框】对话框　　　　　　图 8-45 【虚光】对话框

8.4.7　【扭曲】滤镜组

执行【效果】→【扭曲】命令，弹出如图 8-46 所示的子菜单。下面介绍其中常用的几种滤镜。

1.【置换】滤镜

置换滤镜可以用选择的图形样式变形置换效果。置换滤镜的效果如同为图像增加了反射映射，从其下拉表框中选择一个置换图案，然后把图像映射成既包含原图像数据，又包含移位数据。图 8-47 为【置换】对话框。

图 8-46　【扭曲】子菜单

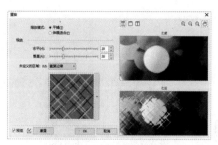

图 8-47　【置换】对话框

2.【偏移】滤镜

偏移滤镜可以使图像产生偏移效果。偏移滤镜是把图像切割成小块，然后使用不同的顺序结合起来，如图 8-48 所示。

3.【龟纹】滤镜

龟纹滤镜可对图像应用上下方向的波浪变形图案，默认的波浪是同图像的顶端和底端平行的，也可以增加垂直的波浪，如图 8-49 所示。

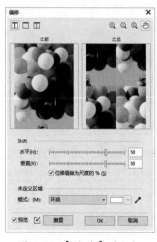

图 8-48　【偏移】对话框

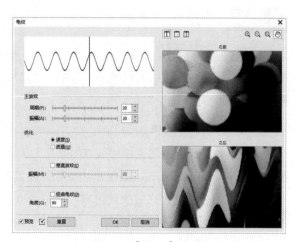

图 8-49　【龟纹】对话框

4. 像素

执行【效果】→【扭曲】→【像素】命令，将弹出【像素化】对话框。单击对话框左上角的按钮，显示对照预览窗口，如图 8-50 所示。【像素化模式】栏用来设定像素化的模式。

对话框中各选项含义如下。

- 当选择射线模式时，可以在预览窗口中设定像素化的中心点。
- 拖动【宽度】及【高度】滑块可以设定像素色块的大小。
- 拖动【不透明度】滑块可以设定像素色块的不透明度，数值越小，色块就越透明。

5. 风吹效果

该滤镜可以模拟风将像素吹移位的效果。可以调整【角度】【不透明】与【浓度】等参数，如图 8-51 所示。

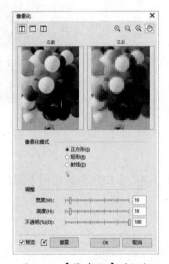

图 8-50 【像素化】对话框

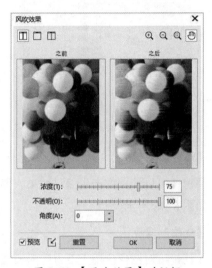

图 8-51 【风吹效果】对话框

8.4.8 【杂点】滤镜组

【杂点】是指图像中不必要或位置不合适的像素点，杂点图像的典型例子就是把电视机频道拨到一个没有图像的频道，随机显示的雪花点就是电视机的杂色。执行【效果】→【杂点】命令，将弹出如图 8-52 所示的子菜单。

1. 【添加杂点】滤镜

添加杂点滤镜是为图像添加杂点的强大工具，可以指定杂点添加的方式，其中共有三种杂点类型：高斯式、尖突和均匀。高斯杂点类型沿着高斯曲线添加杂点；尖突杂点类型比高斯类型添加杂点少，常用来生成较亮的杂点区域；均匀杂点类型可在图像上相对地添加杂点。图 8-53 为【添加杂点】对话框。

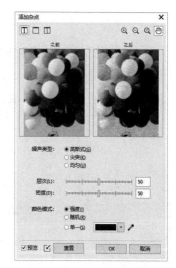

图 8-52　【杂点】子菜单　　　　　　　　图 8-53　【添加杂点】对话框

2. 【最大值】滤镜

最大值滤镜属于去除杂点滤镜，可以修改杂点像素的颜色值，以匹配周围像素的平均值。使用最大值滤镜时，根据周围像素最大颜色值来平均颜色值，如图 8-54 所示。

3. 【中值】滤镜

中值滤镜是另一个通过平均颜色值来去除杂点的滤镜。在该滤镜中，使用周围像素的中间颜色值来代替图像中的杂点像素，如图 8-55 所示。

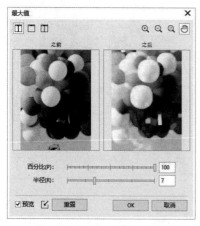

图 8-54　【最大值】对话框

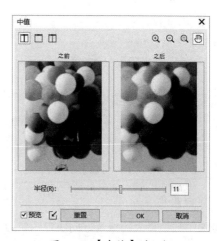

图 8-55　【中值】对话框

4. 【去除龟纹】滤镜

去除龟纹滤镜可以去除扫描图像中的龟纹图像。去除龟纹时，会去掉更多的图案，但是产生了更多的模糊效果。在去除龟纹对话框中可以降低图像的大小，这个操作会有助于去除龟纹图案，如图 8-56 所示。

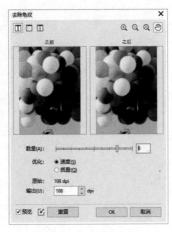

图 8-56 【去除龟纹】对话框

8.4.9　【鲜明化】滤镜组

鲜明化滤镜可以使图像的色彩更加鲜明，边缘更加突出。执行【效果】→【鲜明化】命令，将弹出如图 8-57 所示的子菜单。

1. 适应非鲜明化

执行【效果】→【鲜明化】→【适应非鲜明化】命令，弹出【适应非鲜明化】对话框，通过调节百分比数值滑块，设置图像边缘的鲜明化，使图像更加清晰，如图 8-58 所示。

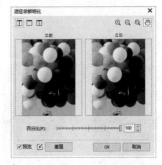

图 8-57 【鲜明化】子菜单

图 8-58 【适应非鲜明化】对话框

2. 定向柔化

图像中数值最大的像素方向决定图像边框的鲜明化方向。

3. 高通滤波器

使用此命令，可以将图像中的低分辨率区域和阴影部分清除，产生一种灰色的朦胧效果。

4. 鲜明化

使用此命令，可以使图像产生旋转鲜明化效果，从而加强图像定义区域的鲜明化度。

5. 非鲜明化遮罩

使用此命令，可以强调图像边缘的细节，并使非鲜明化平滑的区域变得明显。

课堂范例——制作广告翻折效果

步骤 01 按【Ctrl+I】快捷键，导入"素材文件\第8章\沙滩.jpg"文件，如图 8-59 所示。

图 8-59 导入素材

步骤 02 选中图片，执行【效果】→【三维效果】→【卷页】命令，打开【卷页】对话框，参数设置如图 8-60 所示。单击【OK】按钮，得到如图 8-61 所示的效果。

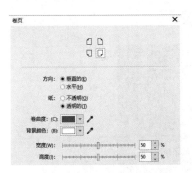

图 8-60 对话框

图 8-61 最终效果

课堂问答

在学习了本章的位图处理与位图滤镜特效后，还有哪些需要掌握的难点知识呢？下面将为读者讲解本章的疑难问题。

问题 1：将矢量图转换为位图时如何不出现白色背景？

答：勾选【转换为位图】对话框中的【透明背景】复选框，如图 8-62 所示，即可在将矢量图转换为位图时不出现白色背景。

图 8-62 【转换为位图】对话框

问题 2：CorelDRAW 中的滤镜和 PS 中的滤镜一样吗？

答：CorelDRAW 中的滤镜功能类似于 PS 中的滤镜，但滤镜种类不完全一样，CorelDRAW 中的部分滤镜 PS 中是没有的。

上机实战——制作图片马赛克效果

为了让读者能巩固本章知识点，下面讲解一个技能综合案例，使大家对本章的知识有更深入的了解。

效果展示

思路分析

本例是一个马赛克效果的制作，执行【效果】→【创造性】→【马赛克】命令，即可制作出马赛克效果。

制作步骤

步骤 01　按【Ctrl+I】快捷键，导入"素材文件 \ 第 8 章 \ 荷花 .jpg"文件，如图 8-63 所示。

图 8-63 导入素材

步骤 02 选中图片，执行【效果】→【创造性】→【马赛克】命令，打开【马赛克】对话框，参数设置如图 8-64 所示。单击【OK】按钮，得到如图 8-65 所示的效果。

图 8-64 【马赛克】对话框

图 8-65 最终效果

同步训练——设计风景邮票

为了增强读者动手能力，下面安排一个同步训练案例，让读者达到举一反三、触类旁通的学习效果。

图解流程

本例是一个风景邮票的设计制作，先用【调和工具】制作齿孔，再用【框架】命令修饰照片，最后添加文字即可。

关键步骤

步骤 01　新建文件，绘制一个 50mm×30mm 的矩形，再单击圆工具，按【Ctrl】键绘制一个正圆，如图 8-66 所示。

步骤 02　复制一个正圆，用【调和工具】将两个正圆调和起来，如图 8-67 所示。

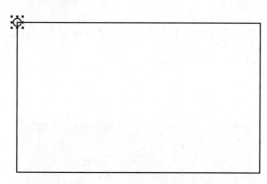

图 8-66　绘制矩形和圆　　　　　　　　　　图 8-67　调和两个圆

步骤 03　在选项栏中单击【路径属性】按钮，选择【新建路径】命令，出现 ⮐ 时选择矩形，让调和适合路径，如图 8-68 所示。

步骤 04　在选项栏中将【调和对象】改为 60，单击【更多调和选项】按钮，选择【沿全路径调和】命令，如图 8-69 所示。

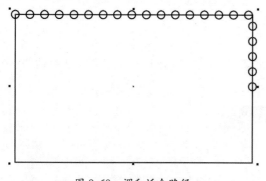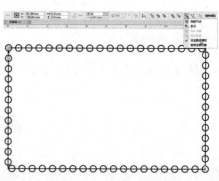

图 8-68　调和适合路径　　　　　　　　　　图 8-69　改变调和参数

步骤 05　按【Ctrl+K】快捷键拆分调和与路径，再用【选择工具】选择圆形，单击选项栏【取消组合所有对象】按钮解散所有组合。框选所有对象，然后按住【Shift】键减选矩形，如图 8-70 所示。单击选项栏中的【焊接】按钮，将所有的圆焊接起来。

步骤 06　框选矩形和圆，单击【移除前面的对象】按钮，绘制出齿孔效果，如图8-71所示。

图 8-70　折分调和，取消组合，焊接圆　　　　　　　图 8-71　齿孔效果

步骤 07　按【Ctrl+I】快捷键导入"素材文件 / 第 8 章 / 狮子岩 .jpg"，按【Shift】键拖动定界框任一对角点将素材图像缩小，然后选择齿孔和素材按快捷键【C】和【E】对齐，如图8-72所示。

步骤 08　按住【Alt】键单击图片，执行【效果】→【创造性】→【框架】命令，在弹出的对话框里选择"square2.cpt"，如图 8-73 所示。

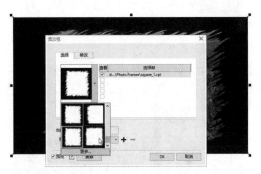

图 8-72　水平垂直对齐　　　　　　　图 8-73　添加【框架】滤镜

步骤 09　单击【修改】选项卡，将【水平】改为 111，【颜色】改为白色，【不透明】改为70，单击【OK】按钮，如图 8-74 所示。效果如图 8-75 所示。

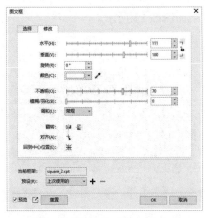

图 8-74　修改【图文框】参数　　　　　　　图 8-75　【框架】滤镜效果

步骤 10　按【F8】键输入如图 8-76 的文字，均为黑体，大字为 6pt，小字为 3pt。

步骤 11 按【F10】键选择面值文字，框选后三个白点，往左拖动减少间距，如图8-77所示。

图 8-76　输入文字

图 8-77　调整文字间距

步骤 12 用【形状工具】选择第一个白点，将"1"的字号改为10pt，如图8-78所示，再将其拖动到顶对齐。

步骤 13 用【形状工具】选择"元"字前的白点，单击选项栏上的【上标】按钮 X^2，效果如图8-78所示。

图 8-78　调整"1"字

图 8-79　上标"元"字

步骤 14 将齿孔图填充白色并按【Shift+PgDn】快捷键将其置于底层，如图8-80所示。

步骤 15 全选对象，按【Ctrl+G】快捷键组合对象，用【阴影工具】添加阴影，右击调色板最上或状态栏左边的【无色】图标去掉描边，最终效果如图8-81所示。

图 8-80　将齿孔图填充白色并置于底层

图 8-81　最终效果

知识能力测试

本章讲解了 CorelDRAW 中位图的应用，为对知识进行巩固和考核，下面布置相应的练习题。

一、填空题

1. 放射状模糊滤镜创建的是一种从 ＿＿＿＿ 位置向 ＿＿＿＿ 辐射的模糊效果，距离中心位置越远模糊效果越 ＿＿＿＿＿＿。

2. 调色板色模式又叫 ＿＿＿＿＿＿ 模式，这种模式最多只能有 ＿＿＿＿＿＿ 种色。

二、选择题

1. 以下哪种效果是 CorelDRAW 2020 滤镜中没有的功能（　　　）。

A. 晶体化　　　　　　B. 卷页　　　　　　C. 天气　　　　　　D. 漩涡

2. 使用（　　）滤镜得到简单的线条图形。

A. 查找边缘　　　　　B. 鲜明化　　　　　C. 最大值　　　　　D. 最小值

3. "卷页" 效果是在（　　　）滤镜组里。

A. 三维效果　　　　　B. 扭曲　　　　　　C. 创造性　　　　　D. 底纹

三、简答题

1. 在 CorelDRAW 2020 中，如何将矢量图转为位图？如何将位图转换为矢量图？

2. 在 CorelDRAW 中要给图片加边框执行什么命令？

CorelDRAW
2020

第9章
图形的打印与印刷

在 CorelDRAW 2020 中设计制作好作品后，可以打印输出作品。本章将介绍打印机类型、打印介质、打印方法，以及印刷和纸张、分色打印、打印前的准备工作、打印前的拼版等相关实用知识。

学习目标

- 熟练掌握打印机的类型
- 熟练掌握打印介质类型
- 熟练掌握打印的方法
- 熟练掌握印刷的方法

9.1 打印机的类型

从打印机原理上来说，市面上较常见的打印机大致分为喷墨打印机和激光打印机。

9.1.1 喷墨打印机

喷墨打印机的打印分辨率很高，有一定的色彩锐度，当采用合适的墨水、纸张和合适的打印参数时，它的打印质量非常好。它的优点是体积小、操作简单方便、打印噪声小、使用专用纸张时可以打出和照片相同效果的图片。

9.1.2 激光打印机

激光打印机有着打印速度快、打印品质好、工作噪声小等显著特点。激光打印机是利用碳粉附着在纸上而成像的一种打印机，其工作原理主要是利用激光打印机内的一个控制激光束的磁鼓，借此控制激光束的开启和关闭，当纸张在磁鼓间卷动时，上下起伏的激光束会在磁鼓产生带电核的图像区，此时打印机内部的碳粉会受到电荷的吸引而附着在纸上，形成文字或图形。由于碳粉属于固体，而激光束有不受环境影响的特性，所以激光打印机可以长年保持印刷效果清晰细致，打印在任何纸张上都可得到良好的效果。

9.2 打印介质类型

不同的打印机需要选择不同的打印介质才能得到最好的打印效果，同一种打印机可以选择多种打印介质。下面将介绍常用的打印介质。

9.2.1 喷墨打印机打印介质

喷墨打印机打印介质有普通打印纸、高光喷墨打印纸、光面相片纸、光泽打印纸、信纸等。近几年随着小型彩色喷墨打印机和数码相机进入家庭，彩色喷墨打印纸也随之诞生。

彩色喷墨打印纸是喷墨打印机喷嘴喷出墨水的接受体，在其上面记录图像或文字，它吸墨速度快、墨滴不扩散。彩色喷墨打印纸与一般纸张有很大区别，彩色喷墨印刷通常使用水性油墨，而一般纸张接触到水性油墨后会迅速吸收扩散，无论从色彩上还是从清晰度上都达不到印刷要求。彩色喷墨打印纸是纸张深加工的产物，它是将普通印刷用纸表面经过特殊涂布处理，使之既能吸收水性油墨又能使墨滴不向周边扩散，从而完整地保持原有的色彩和清晰度。

常用彩色喷墨打印纸的种类如下。

1. 高光喷墨打印纸

高光喷墨打印纸支持体为 RC（涂塑纸）纸基，有较高分辨率，利用其打印的图像清晰亮丽、光泽好，在室内陈设有良好耐光性和色牢度。适于色彩鲜明、有照相画面效果的图像输出。

2. 亚光喷墨打印纸

亚光喷墨打印纸支持体为 RC（涂塑纸）纸基，有中等光泽、分辨率较高、色彩鲜艳饱满、有良好耐光性，适于有照相效果的图像输出。

3. PVC 喷墨打印纸

PVC 喷墨打印纸的支持体是塑料薄膜和纸的复合制品，它输出的画面质量高、机械强度好、吸墨性好、有很好的室内耐光性，适于有照相效果的画面输出。

4. 高亮光喷墨打印纸

高亮光喷墨打印纸用厚纸基，有照片一样的光泽，纸的白度极高，有良好的吸墨性。输出的图像层次丰富、色彩饱满，特别适于照片影像输出和广告展示板制作。

9.2.2 激光打印机打印介质

激光打印机打印介质有普通打印纸、光面相片纸、透明不干胶贴纸、纤维纸等。

1. 普通打印纸

最简单也是最常见的打印介质，即我们平时专门用于打印各类文本文件的打印纸。

2. 光面相片纸

光面相片纸主要是用来打印彩色图片，制作贺卡也十分合适。打印时选择有光泽、比较白的一面打印，效果十分好。

3. 透明不干胶贴纸

这种不干胶贴纸的图案是打印在贴面上，不会因为时间长或摩擦等外因而褪色、掉色，适合贴在经常拿放的铅笔盒、光盘盒等物品上。

4. 纤维纸

纤维纸是一种纯棉织品，可以在上面进行刺绣。在打印机上打印出刺绣的小样后，就可以根据小样进行刺绣工作了。

5. 立体不干胶贴纸

立体不干胶贴纸常贴在玻璃器皿等透明的物体上。在经过熨斗的熨烫以后，可以呈现出特殊的立体效果。如果通过灌满水的透明器皿观看，会看到一种滑稽有趣的另样效果。

9.3　如何打印

在打印文件前应根据打印需要对打印的参数进行设置，打印设置是对打印机的型式以及其他各种打印事项进行设置，方法如下。

步骤 01　执行【文件】→【打印】命令，将打开如图 9-1 所示的【打印】对话框，该对话框显示了有关打印机的一些相关信息，如名称、状态、位置等，还可以设置需要打印的范围、份数。

图 9-1　【打印】对话框

步骤 02　单击对话框中的【文档属性】按钮 ✿，将打开如图 9-2 所示的文档属性对话框，在此对话框中可对打印的页序、方向、每张纸打印的页数进行设置。单击对话框中【纸张 / 质量】选项卡，将打开如图 9-3 所示的对话框，在此对话框中可以设置纸张来源和颜色。

图 9-2　【文档属性】对话框

图 9-3　【纸张 / 质量】选项卡

步骤 03 设置好打印的相关参数后，单击对话框中的【确定】按钮即可开始打印。

9.4 印刷

本节将介绍印刷的基本概念、印刷纸张的基本知识等内容。

9.4.1 什么是印刷、印张、开本

印刷是指利用印版、印刷设备、油墨等介质将原稿上的可视信息转移到承印物上的过程。它是广告设计、海报设计、包装设计等作品的主要输出方式。

印张即印刷用纸的计量单位。一全张纸有正、反面两个印刷面。一全张纸的一个印刷面为一印张，两面印刷后就是二个印张。

全开的纸能开出来多少张，就是多少开。如 16K 的就是全开开出 16 张，对开就是开出两张，五次对折称 32 开本。同样的开数，不同规格的纸张，开本尺寸也不同。

常规的全张正度为 787mm×1092mm，大度为 889mm×1194mm。

9.4.2 印刷纸张的基本知识

1. 纸的单位

（1）克：一平方米的重量（长 × 宽 ÷2）= g 为重量。

（2）令：500 张全开纸单位称 1 令。

（3）吨：与平常单位一样，1 吨 =1000 千克，用于算纸价。

2. 纸张的尺寸

印刷纸张的尺寸规格分为平版纸和卷筒纸两种。

平版纸张的幅面尺寸有：800mm×1230mm、850mm×1168mm、787mm×1092mm。纸张幅面允许的偏差为 ±3mm。符合上述尺寸规格的纸张均为全张纸或全开纸。其中 880mm×1230mm 是 A 系列的国际标准尺寸。

卷筒纸的长度一般 6000m 为一卷，宽度尺寸有 1575mm、1562mm、880mm、850mm、1092mm 和 787mm 等。卷筒纸宽度允许的偏差为 ±3mm。

3. 纸张的重量

由于纸非常薄，难以用尺子测量，所以纸张的厚度用重量来表示。行业中一般用一平方米的克重表示纸张的厚度，即 g/m^2，简称多少克。常用的纸张克重有 $50g/m^2$、$60g/m^2$、$70g/m^2$、$80g/m^2$、$100g/m^2$、$120g/m^2$、$150g/m^2$ 等。克重越大，纸张越厚。克重在 $250g/m^2$ 以下的为纸张，超过 $250g/m^2$ 则为纸板。

4. 印刷常用纸张

（1）铜版纸。铜版纸又称涂料纸，是在原纸上涂布一层白色浆料，经过压光而制成的。纸张表面光滑，白度较高，厚薄一致，纸质纤维分布均匀，有较好的弹性和较强的抗水性能及抗张性能，对油墨的吸收性与接收很好。主要用于印刷画册、明信片、封面、精美的产品样本及彩色商标等。铜版纸有单、双面两类。双铜用于高档印刷品，单铜用于纸盒、纸箱、手挽袋、药盒等。

（2）新闻纸。新闻纸也叫白报纸，是报刊及书籍的主要用纸。适用于报纸、课本、期刊、连环画等正文用纸。新闻纸纸质松轻、富有较好的弹性；吸墨性能好，纸张经过压光后两面平滑，不起毛，有一定的机械强度；不透明性能好。它的缺点是不宜长期存放，保存时间过长纸张会发黄变脆，抗水性能差，不宜书写。

（3）胶版纸。胶版纸主要供平版印刷机和其他印刷机印制较高级彩色印刷品时使用，如彩色画报、画册、宣传画、彩印商标及一些高级书籍封面、插图等。胶版纸按纸浆料的配比分为特号、1号和2号三种，有单面和双面之分，还有超级压光与普通压光两个等级。胶版纸具有伸缩性小、对油墨的吸收性均匀、平滑度好、白度好、抗水性能强的特点。

（4）牛皮纸。牛皮纸具有很高的拉力，有单光、条纹、双光、无纹等。主要用于包装纸、信封、档案袋和印刷机滚筒包衬等。

（5）凸版纸。凸版印刷纸主要供凸版印刷使用。它的特性与新闻纸相似，但又不完全相同。它的吸墨性虽不如新闻纸好，但它具有吸墨均匀的特点；抗水性能及纸张的白度均好于新闻纸。它质地均匀、略有弹性、不起毛、不透明，稍有抗水性能，有一定的机械强度等特性。凸版纸适用于重要著作、科技图书、学术刊物、大中专教材等正文用纸。按纸张用料成分配比的不同，可分为1号、2号、3号和4号四个级别。纸张的号数代表纸质的好坏程度，号数越大纸质越差。

（6）白板纸。白板纸主要用于印刷包装盒和商品装潢衬纸。在书籍装订中，用于简精装书的里封和精装书籍中的脊条等装订用料。白板纸按纸面分有粉面白版与普通白版两大类。按底层分类有灰底与白底两种。具有伸缩性小、韧性好、折叠时不易断裂的特点。

课堂范例——印刷前的准备工作

在印刷图片以前，需要做的准备工作如下。

（1）确定图片精度为300dpi以上。

（2）确定图片模式为CMYK模式。

（3）图片内的文字说明最好不要在Photoshop内完成。

（4）确定实底（如纯黄色、纯黑色等）无其他杂色。

（5）根据开本设计合适的页数，便于装订及节省用纸。

（6）印刷时纸张不能用尽，要留出血边。如果纸张用尽，出血位置的油墨会堆积在橡皮布或压力圆筒上，造成污染。

（7）在设计时应注意到颜色的分配，尽量将颜色少的页面安排在同一版上。

📖 课堂问答

在学习了本章图形的打印与印刷后，还有哪些需要掌握的难点知识呢？下面将为读者讲解本章的疑难问题。

问题1：打印前为什么要拼版呢？

答：拼版可以将不同客户相同纸张、相同克重、相同色数、相同印量的印件组合成一个大版，充分利用胶印机有效印刷面积，形成批量和规模印刷的优势，共同分摊印刷成本，达到节约制版及印刷费用的目的。

问题2：设计作品需要做出血设置吗？

答：印刷中的出血是指加大产品外尺寸的图案，在裁切位加一些图案的延伸，以避免裁切后的成品露白边或裁到内容。在制作的时候分为设计尺寸和成品尺寸，设计尺寸总是比成品尺寸大，大出来的边是要在印刷后裁切掉的，这个要印出来并裁切掉的部分就称为出血或出血位。不同印刷品出血尺寸不同，一般为3mm。

问题3：屏幕看到的颜色就是打印出的颜色吗？

答：在我们日常生活中，通常会遇到在显示器上看到的照片与打印出来的颜色不一致。不同显示器显示同一图片时的颜色也有所不同。打印的颜色应以色卡为准。

🖼️ 上机实战——创建分色打印

为了让读者能巩固本章知识点，下面讲解一个技能综合案例，使大家对本章的知识有更深入的了解。

效果展示

思路分析

本例介绍了创建分色打印的方法，执行【文件】→【打印】命令，单击【颜色】标签，进行设置即可。

制作步骤

步骤 01 执行【文件】→【打印】命令，打开【打印】对话框，如图 9-4 所示。单击【Color】
选项卡，选中【分隔】单选按钮，对话框如图 9-4 所示。

图 9-4 打开【打印】对话框

步骤 02 单击左下角的【打印预览】按钮，进入打印预览状态。可以看到预览窗口的下方出
现了 4 个页面标签，如图 9-5 所示。

图 9-5 分色打印预览

步骤 03 图 9-6 所示即为青色、洋红、黄色、黑色四色色板分色效果。

图 9-6　四色分色效果

🌐 **同步训练——名片打印前的拼版**

为了增强读者动手能力，下面安排一个同步训练案例，让读者达到举一反三、触类旁通的学习效果。

图解流程

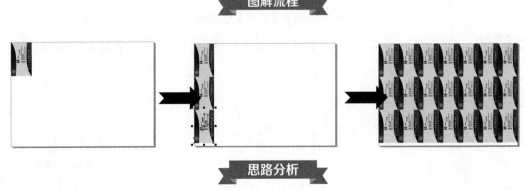

思路分析

本例介绍了名片打印前的拼版，先将一张名片与页面左对齐，再在【变换】泊坞窗中进行精确的位移设置即可，案例中拼版名片的尺寸是出血 3mm 后的尺寸。

关键步骤

步骤 01 新建一个 A3 大小的文件，用鼠标右击页 1，在弹出的快捷菜单中选择【在后面插入页面】命令，插入页 2，如图 9-7 所示。

图 9-7　插入页 2

步骤 02　将名片正面移到页面 2 中，如图 9-8 所示。按【Ctrl+G】快捷键，将名片群组。在选项栏的【旋转角度】文本框中输入角度为 90 度，按【Enter】键确定，旋转名片，如图 9-9 所示。

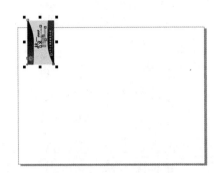

图 9-8　将名片正面移到页面 2 中 　　　　　　　　　　图 9-9　旋转名片

步骤 03　执行【对象】→【对齐与分布】→【对齐与分布】命令，打开【对齐与分布】对话框，单击【页面边缘】按钮，单击【左对齐】按钮和【顶端对齐】按钮，如图 9-10 所示，将名片与页面左上角对齐，如图 9-11 所示。

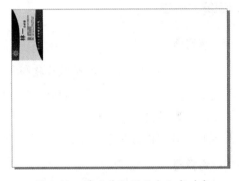

图 9-10　【对齐和分布】对话框 　　　　　　　　　图 9-11　将名片与页面左上角对齐

步骤 04　执行【对象】→【变换】→【位置】命令，打开【变换】泊坞窗。在对话框中设置垂直距离为-96mm，【副本】为2，如图9-12所示，单击【应用】按钮复制两张名片，如图9-13所示。

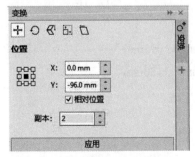

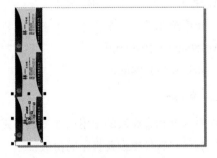

图 9-12　【变换】泊坞窗 　　　　　　　　　　　图 9-13　复制两张名片

步骤 05　同时框选三张名片，如图 9-14 所示。在对话框中设置水平距离为 60mm，【副本】

为 6，单击【应用】按钮复制 6 排名片，如图 9-15 所示。

图 9-14 【变换】泊坞窗

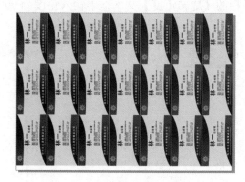

图 9-15 复制 6 排名片

温馨
提示

用相同的方法对名片背面排版即可。

知识能力测试

一、填空题

1. _____ 纸主要用于印刷包装盒和商品装潢衬纸。

2. _____ 纸主要供平版印刷机和其他印刷机印制较高级彩色印刷品时使用。

3. 铜版纸也称为 _____。

4. 打印、印刷的分辨率最好要在 _____ 以上。

二、选择题

1. 通常印刷品需要设置出血，出血的尺寸一般设置为（　　　）。

A. 1mm 　　　　　　B. 2mm 　　　　　　C. 3mm 　　　　　　D. 4mm

2. 用来表示纸张厚度的单位是（　　　）。

A. 毫米 　　　　　　B. 克重 　　　　　　C. 令 　　　　　　D. 刀

3. 正度全张的尺寸是（　　　）

A. 780mm×1080mm 　　　　　　　　　　B. 787mm×1092mm

C. 889mm×1194mm 　　　　　　　　　　D. 880mm×1180mm

三、简答题

1. 平版纸和卷筒纸的常用尺寸分别有哪些？

2. 如何在软件中设置打印的份数？

CorelDRAW
2020

第10章
商业案例实训

　　学习了 CorelDRAW 2020 中各种工具命令的使用后，本章将制作一些综合实例，包括地产展架广告设计、时尚 CD 包装设计、培训机构宣传单设计、冰饮海报设计、售楼书户型页设计、薯片包装装潢设计、饮料包装装潢设计等。读者在实际操作中使用 CorelDRAW 2020，技能将得到进一步的提高，最后能举一反三。

学习目标

- 学会地产展架广告设计的方法
- 学会时尚 CD 包装设计的方法
- 学会培训机构宣传单设计的方法
- 学会冰饮海报设计的方法
- 掌握准确、快速绘制售楼书户型页设计的技巧
- 熟悉袋类食品包装的设计方法
- 熟悉饮料包装的装潢设计

10.1 地产展架广告设计

步骤 01　选择工具箱中【矩形工具】□，绘制一个矩形，填充为淡绿色，去掉轮廓，如图 10-1 所示。按【Ctrl+I】快捷键，导入“素材文件\第 10 章\美女.cdr”“素材文件\第 10 章\花纹.cdr”文件，如图 10-2、图 10-3 所示。

图 10-1　绘制矩形

图 10-2　导入素材

图 10-3　导入素材

步骤 02　放置素材位置，按【Ctrl+G】快捷键，将其组合，如图 10-4 所示。选中组合素材图片，按住鼠标右键，将图片拖动到矩形中，当光标变为⊕形状时释放鼠标，在弹出的快捷菜单中选择【PowerClip 内部】命令，编辑图片的位置，得到如图 10-5 所示的效果。

图 10-4　组合

图 10-5　裁剪

步骤 03　按【F8】键，输入文字，字体为方正综艺简体，颜色为绿色，如图 10-6 所示。选择工具箱中【钢笔工具】，绘制曲线图形，填充绿色到深绿的渐变色，去掉轮廓，如图 10-7 所示。

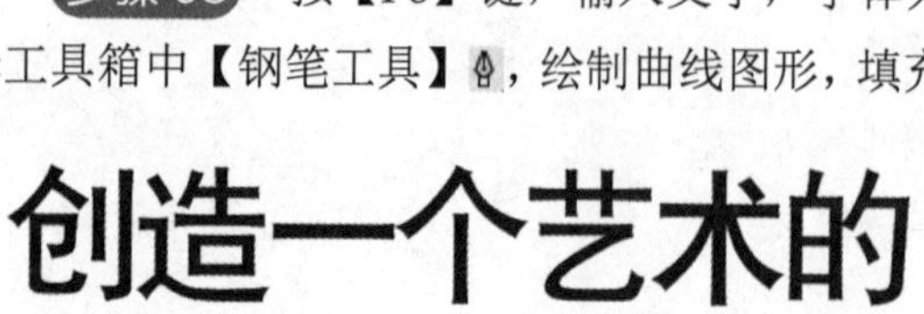

图 10-6　输入文字

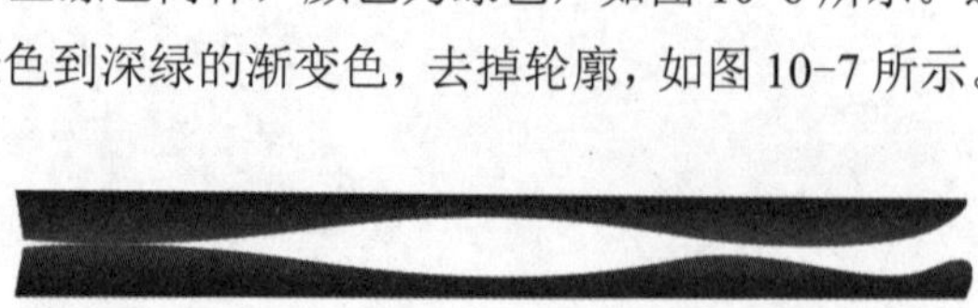

图 10-7　绘制曲线图形

步骤 04 复制一个渐变图形，以备后用。选中渐变图形，按住鼠标右键，将图形拖动到文字中，当光标变为⊕形状时释放鼠标，在弹出的快捷菜单中选择【PowerClip 内部】命令，如图 10-8 所示，得到如图 10-9 所示的效果。

创造一个艺术的
移动(M)
复制(C)
复制填充(F)
复制轮廓(O)
复制所有属性(A)
PowerClip 内部(I)
内置文本(T)
使文本适合路径(P)
取消

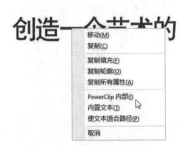

图 10-8 选择【图框精确裁剪内部】命令

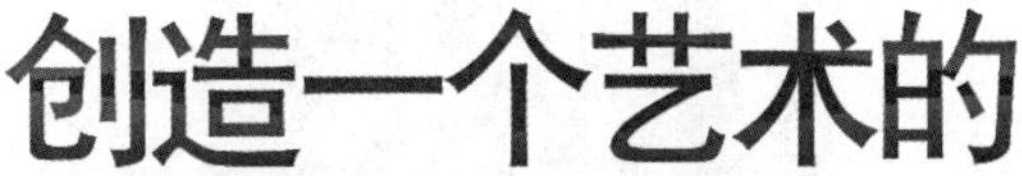
创造一个艺术的

图 10-9 PowerClip 内部

步骤 05 按【F8】键，输入文字，字体为方正综艺简体，颜色为深绿，如图 10-10 所示。选中前面复制的渐变图形，按住鼠标右键，将图形拖动到文字中，当光标变为⊕形状时释放鼠标，在弹出的快捷菜单中选择【PowerClip 内部】命令，得到如图 10-11 所示的效果。

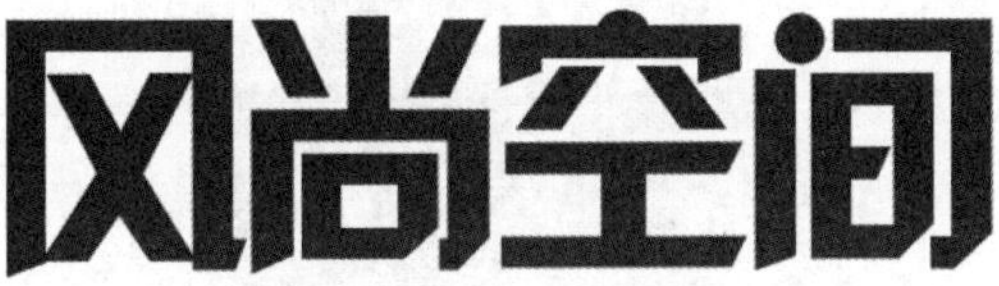
风尚空间

图 10-10 输入文字

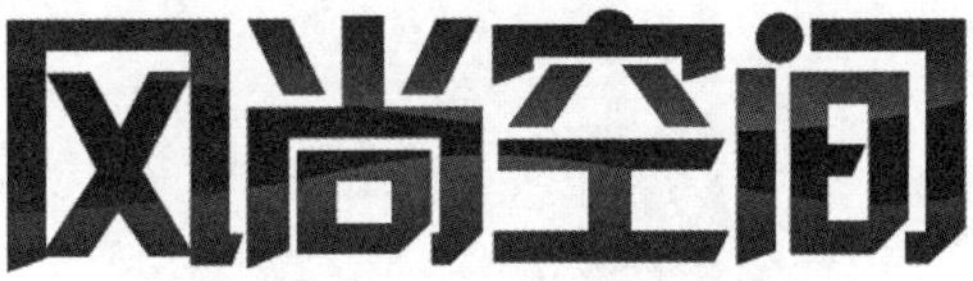
风尚空间

图 10-11 PowerClip 内部

步骤 06 选择工具箱中【钢笔工具】，绘制房子图标，填充为深绿色，放到图 10-12 所示的位置。

步骤 07 按【F8】键，输入文字，颜色为绿色，如图 10-13 所示。

创造一
风尚

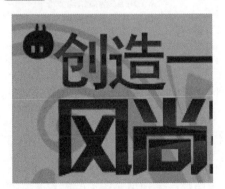

图 10-12 绘制房子图标

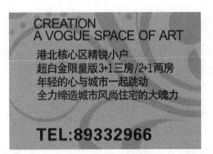

CREATION
A VOGUE SPACE OF ART
港北核心区精锐小户
超白金限量版3+1三房/2+1两房
年轻的心与城市一起跳动
全力缔造城市风尚住宅的大魄力
TEL:89332966

图 10-13 输入文字

步骤 08 按【Ctrl+I】快捷键，导入“素材文件 \ 第 10 章 \ 沙发 .cdr”文件。按【Ctrl+C】快捷键，再按【Ctrl+V】快捷键，原处复制沙发素材。单击选项栏中【垂直镜像】按钮，将复制的图形垂直镜像。再按住【Ctrl】键，垂直向下移动复制的图形，如图 10-14 所示。

步骤 09 选择工具箱中【透明工具】，单击选项栏中【均匀透明度】按钮，设置透明度为 50，得到如图 10-15 所示的透明效果。

图 10-14　垂直镜像

图 10-15　透明度

步骤 10　按【Ctrl+I】快捷键，导入"素材文件\第 10 章\地产标志 .cdr"文件，把素材放到左上角，如图 10-16 所示，本例最终效果如图 10-17 所示。

图 10-16　导入标志

图 10-17　最终效果

10.2　时尚CD包装设计

步骤 01　按【F6】键，单击选项栏中【圆角】图标 ，设置【圆角半径】为5mm，拖动鼠标，绘制圆角矩形。为其应用辐射渐变填充，如图 10-18 所示。再按【F6】键，绘制图 10-19 所示的矩形。

步骤 02　选择工具箱中【钢笔工具】 ，绘制几个图形，分别填充图形颜色为冰蓝、浅蓝、红色、橘色和黄色，去掉轮廓，如图 10-20 所示。

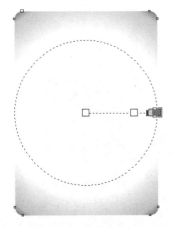

图 10-18 绘制圆角矩形

图 10-19 绘制矩形

图 10-20 绘制几个图形

步骤 03 选择工具箱中【钢笔工具】 ，绘制两个图形，填充左边图形颜色为紫色，右边图形颜色为洋红，如图 10-21 所示。

步骤 04 选择工具箱中【钢笔工具】 ，绘制一个图形，填充图形颜色为洋红，去掉轮廓，如图 10-22 所示。

步骤 05 保持图形的选中状态，按住【Shift】键，将光标放到四个角的任意一个控制点上，按住鼠标左键，向内等比例缩小对象到一定位置后单击鼠标右键，复制图形，改变复制的图形的颜色为白色，再用相同的方法复制两个图形，改变图形颜色为红色和黄色，如图 10-23 所示。

图 10-21 绘制图形

图 10-22 绘制花

图 10-23 复制花

步骤 06 框选所有彩色图形，按【Ctrl+G】快捷键，将图形组合。选中组合图形，按住鼠标右键，将图片拖动到前面绘制好的矩形中，当光标变为 形状时释放鼠标，在弹出的快捷菜单中选择【PowerClip 内部】命令，编辑图形的位置，得到如图 10-24 所示的效果。

步骤 07 按【F8】键，输入文字，字体为方正大黑简体，填充颜色为不同的颜色，如图 10-25 所示。

图 10-24　裁剪图形

图 10-25　输入文字

步骤 08　按【F8】键，输入文字，字体为方正大黑简体，填充颜色为白色，如图 10-26 所示。框选所有图形，选择工具箱中【阴影工具】，从图形上向外拖动鼠标，为其应用阴影效果。在选项栏中设置【阴影的不透明】为 50，【羽化值】为 10，如图 10-27 所示。

图 10-26　输入文字

图 10-27　应用阴影效果

步骤 09　按【F7 键】，按住【Ctrl】键的同时绘制一个圆，保持圆的选中状态，按住【Shift】键，将光标放到四个角的任意一个控制点上，按住鼠标左键，向内等比例缩小对象到一定位置后单击鼠标右键，复制圆，如图 10-28 所示。

步骤 10　框选两个圆，单击选项栏中【移除前面对象】按钮，修剪圆，得到一个圆环，如图 10-29 所示。

图 10-28　绘制圆

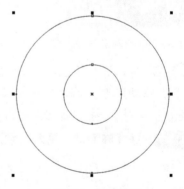

图 10-29　制作圆环

步骤 11 复制包装中的组合图形，按住鼠标右键，将图形拖动到圆环中，当光标变为⊕形状时释放鼠标，在弹出的快捷菜单中选择【PowerClip 内部】命令，编辑图片的位置，得到如图 10-30 所示的效果。

步骤 12 选择工具箱中【阴影工具】🔲，从图形上向外拖动鼠标，为其应用阴影效果。在选项栏中设置【阴影的不透明】为 45，【羽化值】为 6，【阴影颜色】为白色，如图 10-31 所示。

图 10-30 裁剪图形

图 10-31 应用阴影效果

步骤 13 复制封面中的文字，放到图 10-32 所示的位置。再复制一个 CD，本例最终效果如图 10-33 所示。

步骤 14 按【Shift+PageDown】快捷键，将背景的图层顺序调整到最下面一层，将 CD 包装放到背景上面，得到本例最终效果。

图 10-32 复制文字

图 10-33 最终效果

10.3 培训机构宣传单设计

步骤 01 选择工具箱中【矩形工具】🔲，绘制一个矩形，填充为白色，去掉轮廓，如图

10-34 所示。按【F7】键,绘制几个圆,填充为不同深浅的红色,如图 10-35 所示。再绘制几个圆,填充为不同深浅的黄色,如图 10-36 所示。

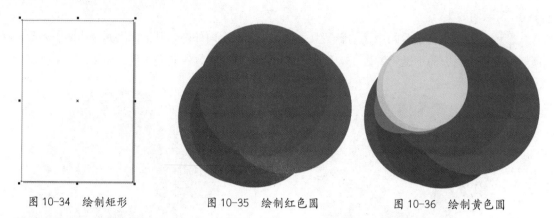

图 10-34　绘制矩形　　　　　图 10-35　绘制红色圆　　　　　图 10-36　绘制黄色圆

步骤 02　按【F7】键,绘制几个圆,填充为不同深浅的紫色,如图 10-37 所示。再绘制几个圆,填充为不同深浅的蓝色,如图 10-38 所示。

图 10-37　绘制紫色圆　　　　　　　　　　图 10-38　绘制蓝色圆

步骤 03　按【F7】键,绘制两个圆,填充为浅蓝色,如图 10-39 所示。选择工具箱中【透明工具】❖,单击选项栏中【渐变透明度】按钮,得到如图 10-40 所示的透明效果。

图 10-39　绘制浅蓝色圆　　　　　　　　　图 10-40　透明效果

步骤 04　框选绘制好的圆,按【Ctrl+G】快捷键,将其组合,如图 10-41 所示。选中组合图形,按住鼠标右键,将它们拖动到矩形中,当光标变为⊕形状时释放鼠标,在弹出的快捷菜单中选择【PowerClip 内部】命令，得到如图 10-42 所示的效果。

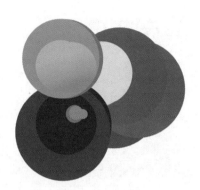

图 10-41　组合图形

图 10-42　裁剪图形

步骤 05　选择工具箱中【钢笔工具】，绘制云朵图形，填充图形颜色为黑色，如图 10-43 所示。复制一个图形，将其错位，轮廓颜色为蓝色，轮廓宽度为 2mm，如图 10-44 所示。

图 10-43　绘制云朵图形

图 10-44　复制云朵图形

步骤 06　按【Ctrl+I】快捷键，导入"第 10 章 \ 培训机构 .jpg"文件，如图 10-45 所示。

步骤 07　选中素材，按住鼠标右键，将素材拖动到较小的云朵图形中，当光标变为 ⊕ 形状时释放鼠标，在弹出的快捷菜单中选择【PowerClip 内部】命令，得到如图 10-46 所示的效果。

图 10-45　导入图片

图 10-46　裁剪图片

步骤 08　选择工具箱中【透明工具】，单击选项栏中【渐变透明度】按钮，得到如图 10-47 所示的透明效果。

步骤 09 选择工具箱中【钢笔工具】🖋，在云朵图形的右下方绘制两条曲线。曲线颜色为蓝色，轮廓宽度为 2mm，如图 10-48 所示。

图 10-47 透明度

图 10-48 绘制曲线

步骤 10 选择工具箱中【钢笔工具】🖋，绘制树丛形状，填充为浅绿色，如图 10-49 所示。复制一个图形，调整图形的大小，改变为酒绿色，如图 10-50 所示。

图 10-49 绘制树丛形状

图 10-50 复制树丛形状

步骤 11 从复制的图形中再复制出一个图形，调整图形的大小，改变为绿色，如图 10-51 所示。再复制两组图形，调整图形大小，如图 10-52 所示。

图 10-51 复制树丛形状

图 10-52 复制并调整图形大小

步骤 12 选择工具箱中【钢笔工具】🖋，绘制叶子形状。为其应用线性渐变填充，颜色为绿色到深绿色的渐变色。改变图形轮廓颜色为深绿，轮廓宽度为 0.3mm，如图 10-53 所示。选择工具箱中【钢笔工具】🖋，绘制叶脉。填充图形颜色为深绿，如图 10-54 所示。

图 10-53 绘制叶子

图 10-54 绘制叶脉

步骤 13 选择工具箱中【钢笔工具】，绘制曲线。改变曲线颜色为白色，如图 10-55 所示。

步骤 14 执行【位图】→【转换为位图】命令，打开【转换为位图】对话框。选择【颜色模式】为 CMYK 色（32 位），设置【分辨率】为 300dpi，勾选【透明背景】复选框，如图 10-56 所示，单击【OK】按钮即可。

图 10-55 绘制图形

图 10-56 【转换为位图】对话框

温馨提示

如果不勾选【透明背景】复选框，转换后的位图将自动生成一个与图形大小相同的矩形背景。

步骤 15 执行【效果】→【模糊】→【高斯式模糊】命令，打开【高斯式模糊】对话框，参数设置如图 10-57 所示，单击【OK】按钮，图形被模糊，如图 10-58 所示。

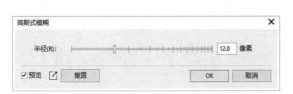

图 10-57 【高斯式模糊】对话框

图 10-58 模糊效果

步骤 16　选择工具箱中【透明工具】❖，单击选项栏中【渐变透明度】按钮❖，得到如图 10-59 所示的透明效果。

步骤 17　在调色板中选中白色色块，按住鼠标左键，将色块拖到渐变轴上，当光标显示为色块符号时，如图 10-60 所示，释放鼠标，添加色块，如图 10-61 所示。

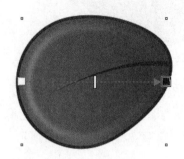

图 10-59　透明效果

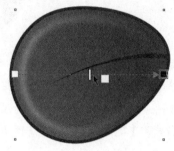

图 10-60　将色块拖到渐变轴上

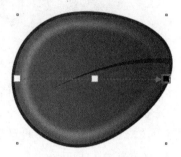

图 10-61　添加色块

温馨提示　除了拖曳的方法，直接在渐变轴上双击鼠标左键，也可添加色块。

步骤 18　选中渐变轴最左边的色块，在选项栏中设置色块【透明中心点】为 73，如图 10-62 所示。

步骤 19　选择工具箱中【选择工具】▶，框选所绘制的叶子图形，按【Ctrl+G】快捷键，将它们组合。复制两个组合图形，并旋转它们的角度，如图 10-63 所示。

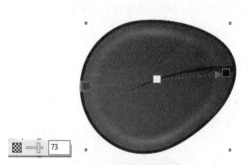

图 10-62　改变透明值

图 10-63　复制并旋转图形

步骤 20　按【F7】键，绘制一个圆，填充圆为绿色到白色的椭圆形渐变填色，如图 10-64 所示。改变椭圆轮廓颜色为深绿，轮廓宽度为 0.2mm，如图 10-65 所示。

图 10-64 绘制一个椭圆

图 10-65 变椭圆轮廓

步骤21 再按【F7】键，绘制两个椭圆，填充椭圆颜色为深绿，如图 10-66 所示。选择工具箱中【钢笔工具】，绘制嘴。曲线颜色为深绿，轮廓宽度为 0.2mm，如图 10-67 所示。

图 10-66 绘制眼睛

图 10-67 绘制嘴

步骤22 选择工具箱中【钢笔工具】，绘制脖子图形。填充图形颜色为绿色，轮廓颜色为深绿，轮廓宽度为 0.2mm，如图 10-68 所示。

步骤23 选择工具箱中【钢笔工具】，绘制图形。填充图形颜色为绿色，轮廓颜色为深绿，轮廓宽度为 0.2mm，如图 10-69 所示。

图 10-68 绘制脖子

图 10-69 绘制图形

步骤24 选择工具箱中【选择工具】，框选所绘制的所有叶子图形，按【F12】键，打开【轮廓笔】对话框，勾选【随对象缩放】复选框，如图 10-70 所示，单击【OK】按钮。再按【Ctrl+G】快捷键，将它们组合。

步骤 25 按【F7】键，按住【Ctrl】键的同时绘制一个圆，按【Ctrl+Q】快捷键，将圆转换为曲线。按【F10】键，显示圆的四个节点，如图 10-71 所示。

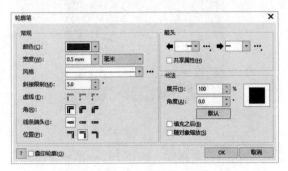

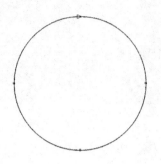

图 10-70 【轮廓笔】对话框   图 10-71 显示圆的四个节点

步骤 26 将光标放到两个节点的中心处，双击鼠标，即可添加节点，如图 10-72 所示。用相同的方法再添加三个节点，如图 10-73 所示。

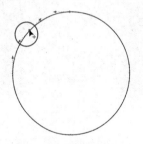

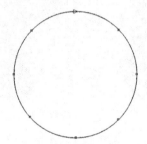

图 10-72 添加一个节点   图 10-73 添加三个节点

步骤 27 选择工具箱中【变形工具】，再单击选项栏中【推拉变形】按钮。选中圆形，按住鼠标左键从正六边形的中心向左拖动鼠标，达到所需形状时释放鼠标，得到如图 10-74 所示的效果。改变轮廓颜色，如图 10-75 所示。

图 10-74 变形效果   图 10-75 改变轮廓颜色

技能
拓展

拖动时离中心越远，形状变化越大。向右拖动鼠标时，得到的图形是向内凹的，如下图所示。

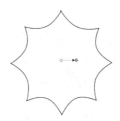

向内凹的变形效果

步骤 28 按【F7】键，绘制一个圆，填充圆的颜色为黄色，轮廓颜色为橘色，如图 10-76 所示。按【F7】键，绘制眼睛，填充圆的颜色为深绿，高光颜色为白色，如图 10-77 所示。

图 10-76　绘制一个圆

图 10-77　绘制眼睛

步骤 29 选择工具箱中【钢笔工具】 ，绘制嘴的形状。填充图形的颜色为棕色，如图 10-78 所示。选择工具箱中【钢笔工具】 ，绘制叶子的形状。填充图形的颜色为绿色，轮廓颜色为深绿，如图 10-79 所示。

图 10-78　绘制嘴

图 10-79　绘制叶子

步骤 30 按【F6】键，绘制一个矩形，填充图形的颜色为绿色，轮廓颜色为深绿，如图 10-80 所示。

步骤 31 同时选中矩形和叶子，按【Shift+PageDown】快捷键，将它们的图层顺序调整到最下面一层，如图 10-81 所示。框选花的所有图形，按【Ctrl+G】快捷键，将它们组合。将绘制好的植物放到树丛中，如图 10-82 所示。

图 10-80　绘制一个矩形

图 10-81　调整图层顺序

图 10-82　放置图形

步骤 32　选中图形，执行【对象】→【顺序】→【置于此对象后】命令，用箭头单击下面的树丛，如图 10-83 所示，调整图形顺序如图 10-84 所示。

图 10-83　用箭头单击

图 10-84　调整图层顺序

步骤 33　单击工具箱中【常见形状工具】 选项栏【常用形状】按钮 ，在弹出的隐藏工具组中选择【标注形状】，如图 10-85 所示。在工作区拖动鼠标，绘制如图 10-86 所示的图形。

图 10-85　选择标注形状

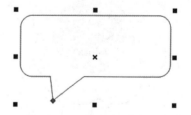

图 10-86　绘制圆角状的标注形状

步骤 34　保持对象的选中状态，再次单击对象，显示图形的状态为可倾斜的状态，将光标放到图形右边的控制点上，按住鼠标左键向上拖动图形到一定位置后释放鼠标，如图 10-87 所示。填充图形颜色为黑色，如图 10-88 所示。

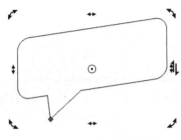

图 10-87 倾斜图形

图 10-88 填色

步骤 35 复制一个图形，移开一定距离，改变图形颜色为白色，轮廓色为橘色，如图 10-89 所示。

步骤 36 选择工具箱中【轮廓工具】，在选项栏中设置【轮廓图步长】为1，【轮廓图偏移】为 1mm，单击【轮廓色】后面的颜色图标，在打开的颜色面板中选择灰色，如图 10-90 所示。

图 10-89 填色并改变轮廓宽度及轮廓色

图 10-90 设置属性

步骤 37 在图形上按住鼠标左键，向内拖动，得到图 10-91 所示的效果。按【F8】键，分别输入两行文字，字体为方正综艺简体，颜色为浅蓝色，如图 10-92 所示。

图 10-91 轮廓效果

图 10-92 输入两行文字

步骤 38 按住【Shift】键，同时选中两行文字，按【F12】键，打开【轮廓笔】对话框，在对话框中设置轮廓色为蓝绿色，在【角】选项中选择圆角，勾选【填充之后】复选框，如图 10-93 所示，单击【OK】按钮，得到图 10-94 所示的效果。

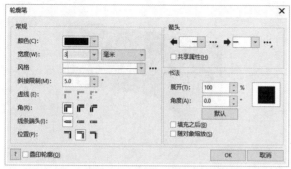

图 10-93 【轮廓笔】对话框

图 10-94 添加轮廓

步骤 39 保持文字的选中状态，再次单击文字，显示文字的状态为可倾斜的状态，先倾斜再旋转文字，如图 10-95 所示。将图标文字组合后放到广告中，如图 10-96 所示。

图 10-95 倾斜文字

图 10-96 放置文字

步骤 40 选中组合图形，执行【对象】→【顺序】→【置于此对象后】命令，用箭头单击下面的树丛，如图 10-97 所示，调整图形顺序如图 10-98 所示。

图 10-97 箭头单击

图 10-98 调整顺序

步骤41 按【F6】键，绘制一个矩形，填充矩形颜色为浅蓝色，如图10-99所示。将鼠标指针放到浅蓝色矩形左边的控制点处，按住鼠标左键不放，向右拖动矩形到一定位置后单击鼠标右键，如图10-100所示，此时即可复制矩形，如图10-101所示。

图10-99　绘制一个矩形　　　图10-100　复制并改变矩形颜色　　　图10-101　复制矩形

步骤42 改变复制的矩形颜色为粉色，如图10-102所示。用相同的方法再制作几个矩形，如图10-103所示。

图10-102　改变矩形颜色　　　　　　　图10-103　复制矩形

步骤43 按【F7】键，绘制小圆点，填充为白色，复制一个圆点，按【Ctrl+R】快捷键，重复复制一行圆点，如图10-104所示。再向下复制一行圆点，如图10-105所示。

图10-104　绘制一行圆点　　　　　　　图10-105　复制一行圆点

步骤44 按【F8】键，分别在矩形上输入文字，字体为黑体，颜色为白色，如图10-106所示。按住【Shift】键，同时选中蓝色矩形和它上面的文字，分别按【C】键和【E】键，将矩形和文字居中对齐，如图10-107所示。

图10-106　输入文字　　　　　　　图10-107　对齐文字与矩形

步骤45 用相同的方法分别对齐其余四组矩形和文字，如图10-108所示。按【F8】键，在广告右下角输入电话号码，如图10-109所示。

图 10-108 对齐其余四组矩形和文字

图 10-109 输入文字

步骤 46 按【Ctrl+I】快捷键，导入"素材\第 10 章\培训机构标志 .cdr"文件，如图 10-110 所示。将标志放到宣传单的左上方，如图 10-111 所示。

图 10-110 导入标志

图 10-111 放置标志

10.4 冰饮海报设计

步骤 01 选择工具箱中的【矩形工具】□，填充矩形为浅黄色，如图 10-112 所示。选择工具箱中的【网状填充工具】，在选项栏中设置网格的【行数】为 3，【列数】为 3，显示如图 10-113 所示的网格。

图 10-112 绘制矩形

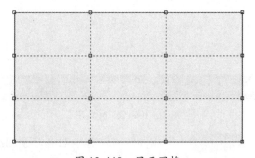

图 10-113 显示网格

步骤 02 将光标放到图 10-114 所示的位置，双击鼠标，添加网线。再在图 10-115 所示的位置双击鼠标，添加网线。

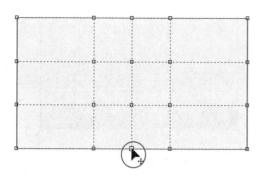

图 10-114　添加网线

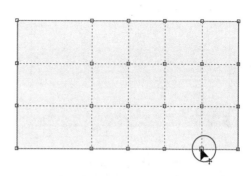

图 10-115　添加网线

步骤 03 执行【窗口】→【泊坞窗】→【颜色】命令，打开【Color】泊坞窗，设置颜色为粉红，如图 10-116 所示，单击【填充】按钮，填充颜色，如图 10-117 所示。

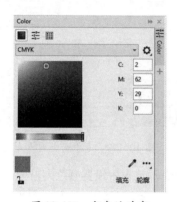

图 10-116　颜色泊坞窗

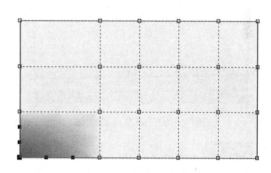

图 10-117　填充颜色

步骤 04 再在【Color】泊坞窗中设置颜色为橘色，单击【填充】按钮，填充颜色，如图 10-118 所示。选中图 10-119 所示的网点，单击调色板中黄色图标，添加黄色。

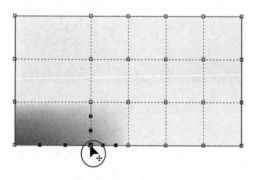

图 10-118　填充颜色

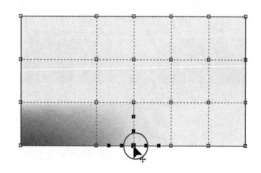

图 10-119　填充颜色

步骤 05 选中图 10-120 所示的网点，单击调色板中月光绿图标，添加月光绿。选中图 10-121 所示的网点，单击调色板中天蓝图标，添加天蓝色。

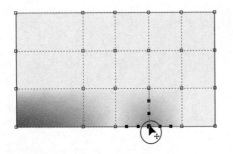

图 10-120　填充颜色

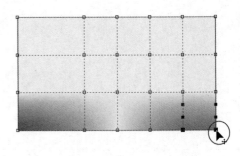

图 10-121　填充颜色

步骤 06　移动第三行网格线中网点的位置，并拖动网点的控制手柄，调整网线形状如图 10-122 所示。选中图 10-123 所示的两个网点，添加蓝色，效果如图 10-124 所示。

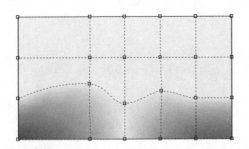

图 10-122　调整网线形状

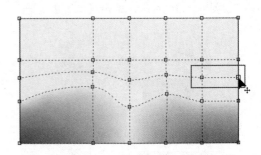

图 10-123　选中两个网点

步骤 07　框选图 10-125 所示的两个网点，在【Color】泊坞窗中设置颜色为粉色，单击【填充】按钮，填充颜色，效果如图 10-126 所示。

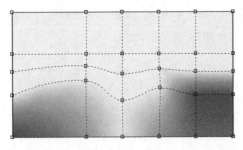

图 10-124　填色

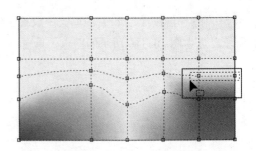

图 10-125　选中两个网点

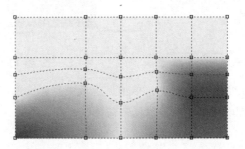

图 10-126　填色

步骤 08 按住【Shift】键，加选最上面一行的几个网点，在【Color】泊坞窗中设置颜色为粉色，单击【填充】按钮，填充颜色，如图 10-127 所示。 选中图 10-128 所示的网点，填充网点颜色为沙黄。

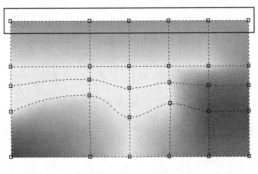

图 10-127 填色

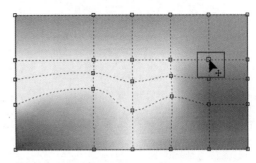

图 10-128 选中网点

步骤 09 选择工具箱中【椭圆形工具】○，改变其轮廓宽度为 6mm，轮廓色为白色，如图 10-129 所示。

步骤 10 保持圆的选中状态，按住【Shift】键，将光标放到四个角的任意一个控制点上，按住鼠标左键，向内等比例缩小圆到一定位置后单击鼠标右键，复制圆，用相同的方法得到多个同心圆。 改变它们的轮廓宽度，得到图 10-130 所示的效果。

图 10-129 绘制圆

图 10-130 复制同心圆

步骤 11 选中同心圆，按【Ctrl+G】快捷键将其组合。选择工具箱中的【透明工具】▨，单击选项栏中【渐变透明度】按钮▥，色块起始位置如图 10-131 所示。

步骤 12 同时选中同心圆，按【F12】键，打开【轮廓笔】对话框，勾选【随对象缩放】复选框，如图 10-132 所示。

图 10-131　透明效果

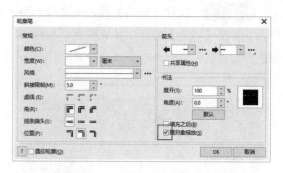

图 10-132　【轮廓笔】对话框

步骤 13 下面制作气泡。选择工具箱中【椭圆形工具】○，绘制一个圆，填充为白色，去掉轮廓，如图 10-133 所示。

步骤 14 选择工具箱中【透明工具】▨，单击选项栏中【渐变透明度】按钮 ▨，为圆应用椭圆形透明效果，从调色板中选中黑色图标，按住鼠标左键，将其拖到色彩轴上后释放鼠标，添加一个色块，如图 10-134 所示。

图 10-133　绘制圆

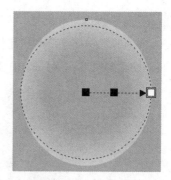

图 10-134　透明效果

步骤 15 选择工具箱中【椭圆形工具】○，填充颜色为蓝色，去掉轮廓，如图 10-135 所示。选择工具箱中【透明工具】▨，单击选项栏中【渐变透明度】按钮 ▨，为圆应用椭圆形透明效果，效果如图 10-136 所示。

图 10-135　绘制圆

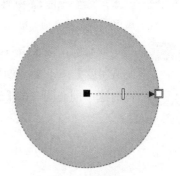

图 10-136　透明效果

步骤 16　从调色板中选中黑色图标，按住鼠标左键，将其拖到色彩轴上后释放鼠标，添中一个色块，如图 10-137 所示。

步骤 17　选中中心的色标，在选项栏中改变其透明中心点为 100，得到一个光晕图形，如图 10-138 所示。

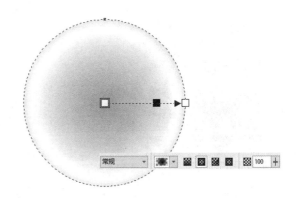

图 10-137　添中一个色块　　　　　　　　　　　　　图 10-138　光晕图形

步骤 18　复制多个光晕图形，改变它们的颜色和大小，如图 10-139 所示。按【Ctrl+I】快捷键，导入"素材文件 \ 第 10 章 \ 冰饮素材 .cdr"文件，如图 10-140 所示。

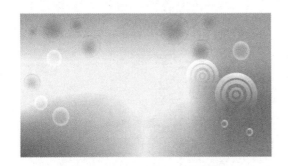

图 10-139　复制多个光晕图形　　　　　　　　　　　图 10-140　导入素材

步骤 19　将素材置于背景中，如图 10-141 所示。按【F8】键，输入文字【劲爽】，字体为方正剪纸简体，颜色为洋红到白色的渐变色，如图 10-142 所示。

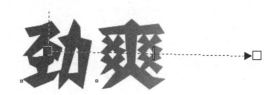

图 10-141　将素材置于背景中　　　　　　　　　　　图 10-142　输入文字

步骤 20 按【F8】键，输入文字"冰饮"，字体为方正剪纸简体，颜色为蓝色到青色的渐变色，如图 10-143 所示。

步骤 21 按【F8】键，输入文字"节"，字体为方正剪纸简体，颜色为蓝色到青色的渐变色，如图 10-144 所示。

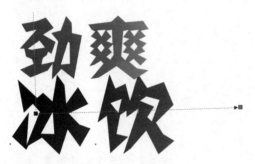

图 10-143　输入文字

图 10-144　输入文字

步骤 22 选中三组文字，选择工具箱中【立体化工具】 ，从文字上向下拖动鼠标，制作立体效果，如图 10-145 所示。立体色为蓝色到浅蓝的渐变色，如图 10-146 所示。

图 10-145　立体效果

图 10-146　立体色

步骤 23 再复制一个文字，按【F12】键，打开【轮廓笔】对话框，设置【轮廓宽度】为 4mm，【颜色】为白色，单击【圆角】按钮 ，如图 10-147 所示。单击【OK】按钮，得到如图 10-148 所示的效果。

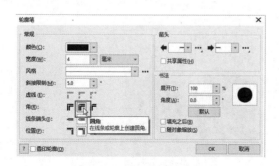

图 10-147　【轮廓笔】对话框

图 10-148　添加轮廓

步骤 24　将文字放置到广告中，本例最终效果如图 10-149 所示。

图 10-149　最终效果

 售楼书户型页设计

建房一般用 CAD 制图，因为它是工程软件，最准确；但卖房几乎不用设计图或施工图，因为不够直观，没接受过相关学习训练的人很少能看懂，所以有的楼盘用手绘图，有些用 Photoshop 或 CorelDRAW 绘制。手绘图没有机械感，美观有亲和力，但不够精确；Photoshop 绘制彩色平面图也存在美观有余精度不足且图层繁多的问题。故目前用 CorelDRAW 绘制彩色户型图能满足精确、美观、效率等多方面需求。

下面用一张售楼书的户型页为例来领略一下用 CorelDRAW 绘制的优势。

10.5.1　绘制建筑框架图

步骤 01　新建文件。打开 CorelDRAW 2020，创建一个"B3 户型"的文件，如图 10-150 所示。

步骤 02　设置比例尺。按【Ctrl+J】快捷键，在弹出的对话框中单击【文档】按钮，然后单击【标尺】选项，再将滑块拖到底部，单击【编辑缩放比例】按钮，如图 10-151 所示。在【绘图比例】对话框中，单击【典型比例】下拉按钮，选择"1:100"，如图 10-152 所示，依次单击两级对话框的【OK】按钮，完成比例尺设置，可以看到标尺上的刻度数字放大了 100 倍。

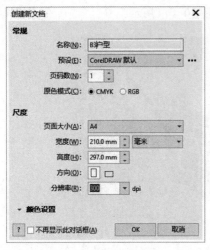

图 10-150　新建文件

图 10-151　选项设置

步骤 03 设置原点。默认原点在页面左下角，直接绘制不够美观，故须重新设置。按住鼠标左键拖动标尺左上交点 到图 10-153 所示位置即可。

图 10-152　设置比例尺

图 10-153　设置原点

步骤 04 设置水平辅助线。按【Ctrl+J】快捷键，在弹出的对话框中单击【文档】按钮，然后单击【辅助线】选项，再选择【Horizontal】选项卡，直接单击【添加】按钮，在原点处添加一条水平辅助线，如图 10-154 所示。

步骤 05 继续在 4000、6000、9000、10800 处添加水平辅助线，如图 10-155 所示，然后单击【OK】按钮，主要水平辅助线添加完成。

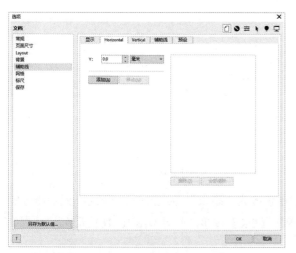

图 10-154　在原点处添加水平辅助线

图 10-155　添加其他水平辅助线

步骤 06　设置垂直辅助线。切换到【Vertical】选项卡，添加 0、4000、8000 三条辅助线，如图 10-156 所示。单击【OK】按钮，效果如图 10-157 所示。

图 10-156　添加垂直辅助线

图 10-157　添加主要辅助线效果

步骤 07　绘制墙线。切换到【选择工具】 ，在选项栏中的【贴齐】选项下勾选【辅助线】复选框，如图 10-158 所示。然后选择到【矩形工具】 ，绘制两个卧室及卫生间的墙线，如图 10-159 所示。

图 10-158 贴齐辅助线

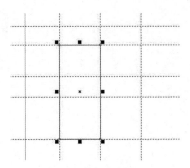

图 10-159 绘制矩形

步骤 08 设置线宽。按【F12】键,将轮廓单位改为"毫米",如图 10-160 所示,然后将【宽度】设为 240,再勾选【随对象缩放】复选框,单击【OK】按钮,效果如图 10-161 所示。

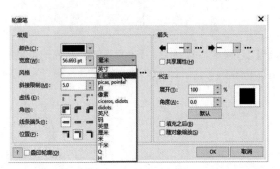

图 10-160 设置线宽

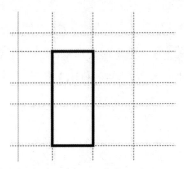

图 10-161 墙线效果

步骤 09 添加阳台辅助线。用【选择工具】按住鼠标左键,在垂直标尺上拖出一条辅助线,如图 10-162 所示,然后释放左键,在选项栏【对象位置】参数框里输入"2400",如图 10-163 所示。

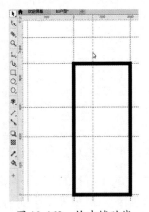

图 10-162 拖出辅助线

图 10-163 输入辅助线位置

温馨提示

为了避免一次性添加完辅助线,导致分不清太多辅助线,可以先把主要墙面的辅助线添加好,其他的辅助线临时添加。

步骤 10 如法炮制，继续添加垂直辅助线 7200，水平辅助线 1200、7200，效果如图 10-164 所示。

步骤 11 绘制外墙线。选择【贝塞尔工具】，绘制墙线并设置【线宽】为 240mm，如图 10-165 所示。

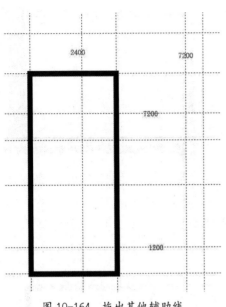

图 10-164　拖出其他辅助线

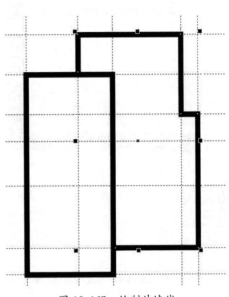

图 10-165　绘制外墙线

步骤 12 绘制内墙线。按快捷键【F5】切换到【手绘线工具】，绘制两个卧室的内墙并在选项栏设置【线宽】为 120mm，如图 10-166 所示。

步骤 13 绘制阳台边线。选择【贝塞尔工具】，贴齐辅助线绘制两个阳台边线，在选项栏设置【轮廓宽度】为 120mm，右击调色板的"50%"灰度为其描边，如图 10-167 所示。

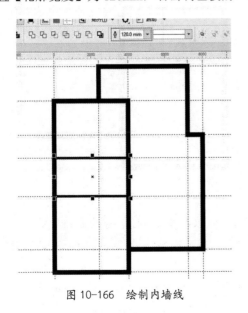

图 10-166　绘制内墙线

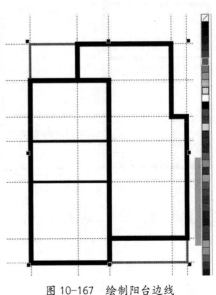

图 10-167　绘制阳台边线

步骤 14 调整阳台边线。按【Ctrl+A】快捷键全选所有对象，按【Ctrl+Shift+Q】快捷键将轮廓转为对象。再按【F10】快捷键切换到【形状工具】，框选图 10-168 所示的节点，然后拖到左边与外墙线对齐，效果如图 10-169 所示。

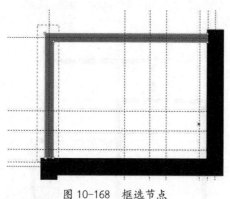

图 10-168　框选节点

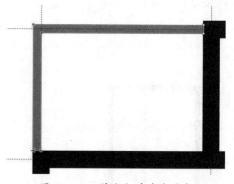

图 10-169　节点与外墙线对齐

步骤 15 用同样的方法将其他的阳台线与外墙对齐，效果如图 10-170 所示。

步骤 16 补充厨卫内墙线。按快捷键【F5】切换到【手绘线工具】，补充厨房和卫生间的内墙线，设置【线宽】120mm，然后按【Ctrl+Shift+Q】快捷键将其转为对象，效果如图 10-171 所示。

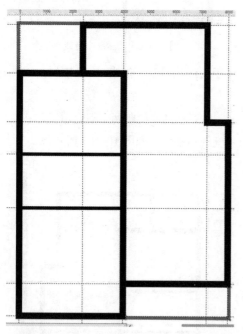

图 10-170　调整阳台节点位置

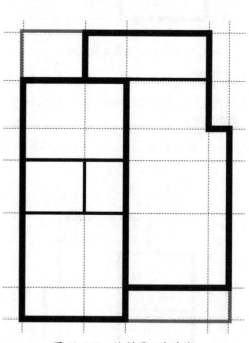

图 10-171　绘制厨卫内墙线

步骤 17 挖门窗洞。按【Ctrl+A】快捷键全选所有对象，按【Shift】键减选两个阳台，再单击选项栏上的【焊接】按钮，将墙线焊接为一个对象。然后在墙线处选择【矩形工具】，以便挖洞，参考尺寸和位置如图 10-172 所示。

步骤 18 按【Shift】键加选所有用于挖门窗洞的矩形，再按【Ctrl+L】快捷键将其合并。按

【Shift】键将墙线与矩形加选，单击选项栏上的【移除前面对象】按钮 ，挖出门窗洞，效果如图 10-173 所示。

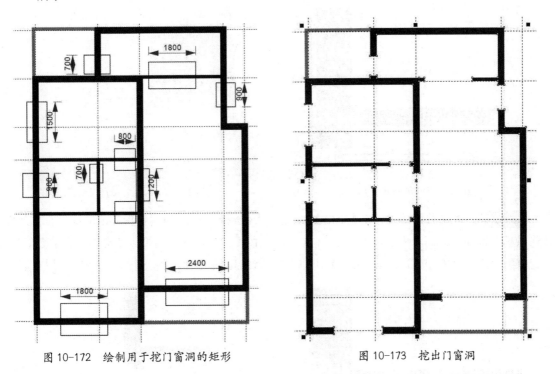

图 10-172 绘制用于挖门窗洞的矩形　　　　　图 10-173 挖出门窗洞

非画线工具绘制的图形，若不将轮廓转换为对象，即使轮廓再宽也剪不断，如图 10-174 所示。

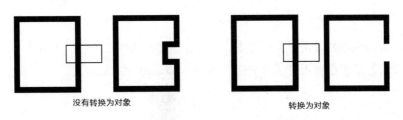

没有转换为对象　　　　　　　转换为对象

图 10-174 是否将轮廓转换为对象的修剪效果比较

步骤 19　绘制入户平开门。在入户门垛处绘制一个长 900mm、宽 40mm 的矩形，在选项栏中将【轮廓宽度】设为"细线"，如图 10-175 所示。

步骤 20　填充入户门材质。按【Shift+F11】快捷键，在弹出的【编辑填充】对话框中单击【位图图样填充】按钮 ，再单击【选择 …】按钮，选择"第 10 章 \ 素材文件 \ 木头 .jpg"图样，如图 10-176 所示，然后单击【OK】按钮确定。

门的宽度必须与相应的门洞一致，不然关不严。

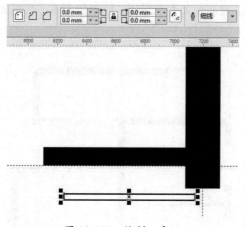

图 10-175　绘制入户门

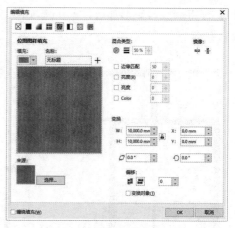

图 10-176　填充入户门材质

步骤 21　绘制关门弧线。按【空格】键切换到【选择工具】，将鼠标指针定位到门的右上角，按住鼠标左键拖动到门垛中心，如图 10-177 所示。按【F7】快捷键切换到【椭圆工具】 ◯，将光标定位到门的右上角，按住【Ctrl+Shift】快捷键拖动到门的左上角绘制一个圆，如图 10-178 所示。

图 10-177　移动门到门垛中心

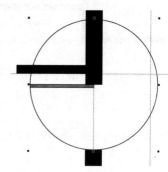

图 10-178　绘制圆

步骤 22　单击选项栏【饼形】按钮 ◖，可以看到想要的和目前的完全相反，于是再单击选项栏上的【更改方向】按钮 ◷ 就得到了开关门的弧线，如图 10-179 所示。

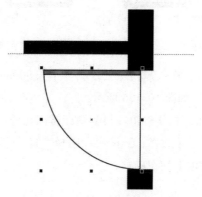

图 10-179　绘制饼形

也可以通过调整选项栏上的【起始和结束角度】参数控制饼形或弧线的起始和结束位置。还可以用【形状工具】直接拖动调整起始和结束位置，技巧是光标在弧线内为扇形，光标在弧线外为弧线，如图 10-180 所示。

步骤 23　用同样的方法，绘制其他平开门，效果如图 10-181 所示。

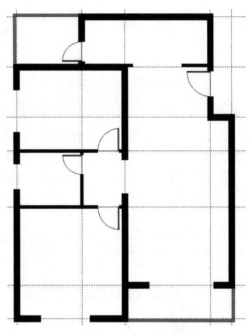

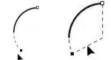

图 10-180　用【形状工具】调整起始和结束角度　　　图 10-181　平开门绘制效果

步骤 24　绘制阳台推拉门。推拉门就是两个错开的矩形，所以比较好画，注意平分尺寸即可。绘制一个宽 600mm 高 40mm 的矩形，填充为冰蓝色并将其左下角对齐门垛中心，如图 10-182 所示。按【空格】键切换到【选择工具】，将光标定位到矩形左上角，拖动复制到矩形右下角，如图 10-183 所示。

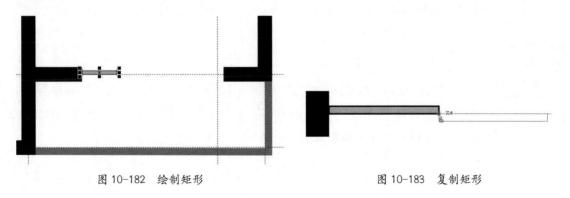

图 10-182　绘制矩形　　　　　　　　　图 10-183　复制矩形

步骤 25 镜像复制推拉门。按住【Shift】键加选两个矩形，再按住【Ctrl】键拖动左中的控制点到右边，按住左键的同时单击右键，复制另外两扇推拉门，如图 10-184 所示。

步骤 26 用同样的方法绘制厨房推拉门，效果如图 10-185 所示。

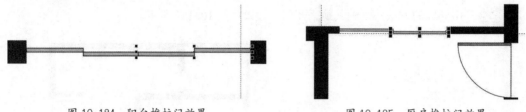

图 10-184 阳台推拉门效果   图 10-185 厨房推拉门效果

步骤 27 绘制次卧窗子。按快捷键【D】切换到【图纸工具】，在选项栏中将【列数和行数】改为 3 和 1，将【轮廓宽度】设为"细线"，然后捕捉次卧的窗洞绘制窗子，并填充冰蓝色，如图 10-186 所示。再如法炮制在卫生间窗洞绘制窗子。

步骤 28 绘制主卧窗子。切换到【图纸工具】，在选项栏中将【列数和行数】改为 1 和 3，将【轮廓宽度】设为"细线"，然后捕捉主卧的窗洞绘制窗子，并填充冰蓝色，如图 10-187 所示。

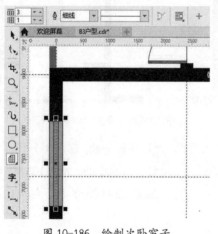

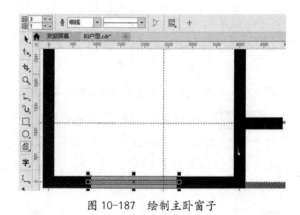

图 10-186 绘制次卧窗子   图 10-187 绘制主卧窗子

10.5.2 填充材质

步骤 01 填充次卧室材质。按【F6】快捷键切换到【矩形工具】 ，对齐次卧室绘制一个矩形，如图 10-188 所示。打开"素材文件\第 10 章\室内图库（材质图例）.cdr"，用【选择工具】选择一个木地板材质，按【Ctrl+C】快捷键复制，如图 10-189 所示。

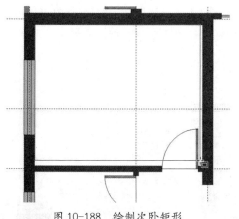

图 10-188 绘制次卧矩形

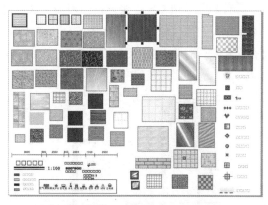

图 10-189 打开素材复制材质

步骤02 按【Ctrl+Tab】快捷键切换到"B3 户型"文件，按【Ctrl+V】快捷键粘贴，如图 10-190 所示。按住右键拖动材质到次卧矩形内，当光标变为⊕形状时释放鼠标，在弹出的快捷菜单中选择【复制所有属性】命令，如图 10-191 所示。

图 10-190 粘贴材质

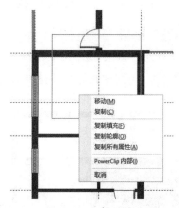

图 10-191 复制属性

步骤03 排序。此时材质在墙线上面，如图 10-192 所示，选择木地板材质，按【Shift+PgDn】快捷键将其放到最底层，如图 10-193 所示。用同样的方法填充主卧的材质。

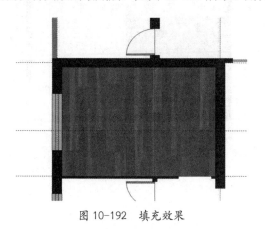

图 10-192 填充效果

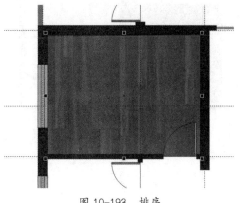

图 10-193 排序

步骤 04   填充客厅餐厅过道材质。选择【贝塞尔工具】 ，捕捉客厅餐厅过道的辅助线绘制一个封闭的图形，如图 10-194 所示。按【Ctrl+Tab】快捷键切换到素材文件，选择一种大理石地砖材质并复制，如图 10-195 所示。

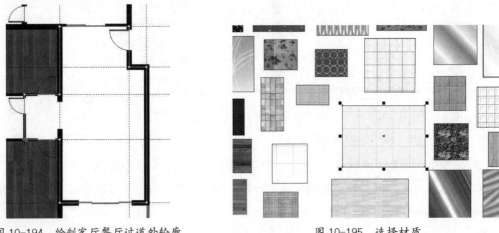

图 10-194　绘制客厅餐厅过道外轮廓　　　　　　　　图 10-195　选择材质

步骤 05   与填充卧室材质一样，将地砖材质复制到户型图，按住右键拖动复制属性完成填充，再将其置于底层，效果如图 10-196 所示。

步骤 06   用同样的方法填充厨卫及阳台的防滑地砖材质，效果如图 10-197 所示。

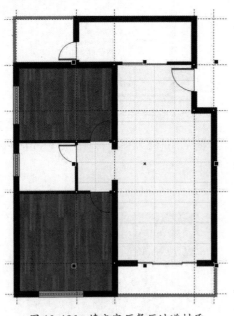 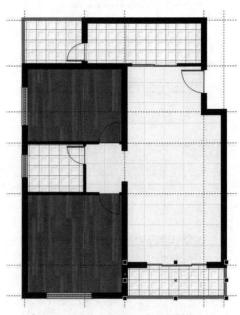

图 10-196　填充客厅餐厅过道材质　　　　　　　　图 10-197　填充厨卫阳台材质

10.5.3　布置家具家电

步骤 01　选择家具家电。打开"素材文件 \ 第 10 章 \ 室内图库（平立面）.cdr"文件，按【Shift】键，加选床、沙发、衣柜、冰箱、洗衣机等家具家电，如图 10-198 所示。按【Ctrl+C】快捷键，再按【Ctrl+TAB】快捷键切换到"B3 户型"文件，最后按【Ctrl+V】快捷键粘贴。

步骤 02　调整餐桌。用【选择工具】选择餐桌，将其拖到餐厅处，在选项栏将【旋转角度】改为 90 度，如图 10-199 所示。

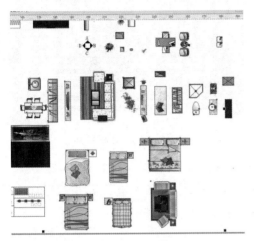

图 10-198　选择需要的家具家电

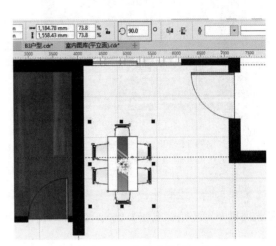

图 10-199　调整餐桌位置及角度

步骤 03　布置主卧室家具。用同样的方法将主卧的床布置好，如图 10-200 所示；将衣柜的角度及位置调好，如图 10-201 所示。

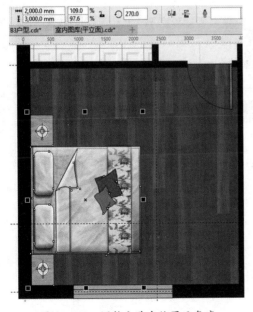

图 10-200　调整主卧床位置及角度

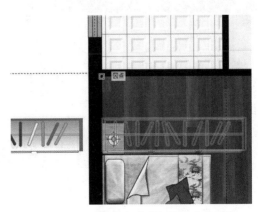

图 10-201　调整主卧衣柜位置及角度

步骤 04 用同样的方法布置次卧的床及衣柜。当把衣柜复制到次卧时，可见衣柜长了，无法开关门。此时可以选择衣柜对象按【Ctrl+U】快捷键解散组合，如图 10-202 所示，再选择图 10-203 所示的几个对象，按【DEL】键将其删除。

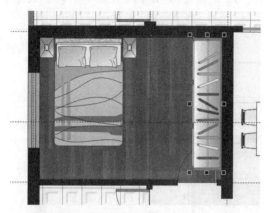

图 10-202　取消组合对象　　　　　　　　　图 10-203　选择对象

步骤 05 然后再向上拖动下中定界框，将衣柜及挂衣杆缩小至如图 10-204 所示处。

步骤 06 绘制灶台。按快捷键【F6】捕捉厨房门洞到右上屋角绘制一个矩形，填充 10% 黑，在选项栏上将【轮廓宽度】设为"细线"，如图 10-205 所示。

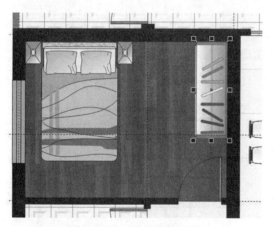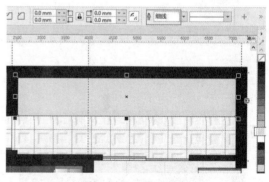

图 10-204　改小衣柜效果　　　　　　　　　图 10-205　绘制灶台

步骤 07 调整洗菜盆。将洗菜盆放于灶台左边，按【Shift+PgUp】快捷键将其置于顶层，然后拖动右下定界框将其放大，如图 10-206 所示。用同样的方法将燃气灶调整好，然后摆上冰箱，如图 10-207 所示。

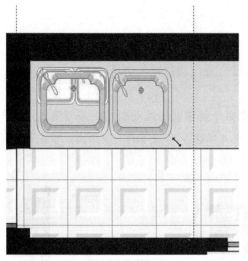

图 10-206　调整洗菜盆

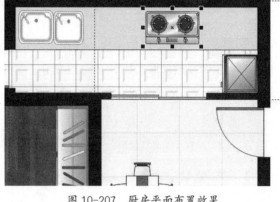

图 10-207　厨房平面布置效果

步骤 08　用同样的方法布置其他家具家电，效果如图 10-208 所示；再布置几盆植物，效果如图 10-209 所示。

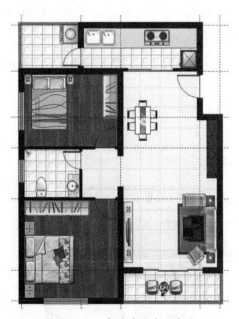

图 10-208　布置其他家具家电

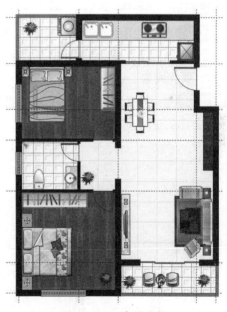

图 10-209　布置植物

10.5.4　标注

步骤 01　设置标注样式。长按【平行度量工具】按钮 ，选择【水平或垂直度量工具】按钮 ，在选项栏上设置三个地方：【度量精度】为整数，关掉【显示单位】按钮 ，点开【文本位置】按钮 选择"尺度线上方的位置"，如图 10-210 所示。

图 10-210　设置标注样式

步骤 02　设置箭头样式。单击选项栏【双箭头】□□下拉按钮，选择"箭头 62"，如图 10-211 所示。

步骤 03　标注主卧室进深。按住鼠标左键捕捉第一条辅助线拖动到另一条辅助线，当出现"垂直"提示时释放鼠标，如图 10-212 所示。紧接着将光标往左略微拖动一段距离，单击确定标注文字的位置，一个标注完成，如图 10-213 所示。

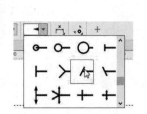

图 10-211　设置标注箭头

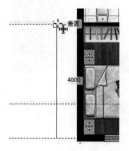

图 10-212　捕捉需要标注的两点

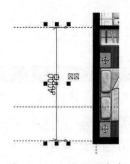

图 10-213　放置尺寸线

步骤 04　标注卫生间进深。捕捉主卧第二条尺寸界线基点，按住鼠标左键拖动到卫生间上边的辅助线，当出现"垂直"提示时释放鼠标，再捕捉到第一条尺寸线的端点单击鼠标，如图 10-214 所示，即完成第二个标注。

步骤 05　用同样的方法标注其他房间的进深与开间，效果如图 10-215 所示。最后再在右部和顶部标上总的进深和开间尺寸。

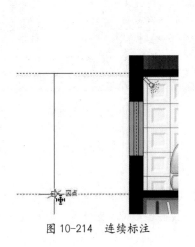

图 10-214　连续标注

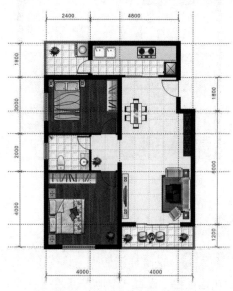

图 10-215　连续标注效果

10.5.5　户型页设计

步骤 01 转曲。由于标注与辅助线有关联，移动图形将会使标注产生变换，故须全选对象，然后按【Ctrl+Q】快捷键将文字转换为曲线。

步骤 02 清除辅助线。按【Ctrl+J】快捷键，在弹出的对话框里单击【文档】按钮⌖，选择【辅助线】选项，在【Horizontal】选项卡里单击【全部清除】按钮，清除辅助线，如图 10-216 所示。再切换到【Vertical】选项卡清除辅助线。单击【OK】按钮，效果如图 10-217 所示。

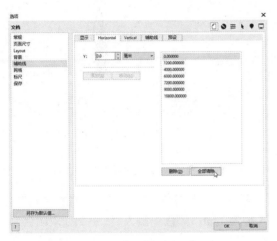

图 10-216　清除辅助线

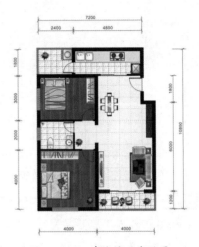

图 10-217　清除辅助线效果

步骤 03 将主体放在视觉中心。按【Ctrl+A】快捷键全选对象，按【Ctrl+G】快捷键将它们组合，然后放在页面中心稍微偏上的位置，如图 10-218 所示。

步骤 04 填底色放 LOGO。双击【矩形工具】按钮▭绘制一个与页面等大的矩形，填充米黄色（C0M4Y12K0）。然后打开"素材文件 \ 第 10 章 \ 几米阳光 .cdr"文件，将 LOGO 复制粘贴到上部并调整大小，效果如图 10-219 所示。

图 10-218　摆在最佳视觉位置

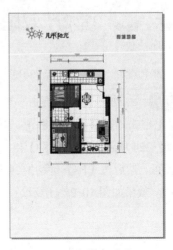

图 10-219　添加底色放置 LOGO

步骤 05 设计抬头。将"素材文件\第 10 章\几米阳光 .cdr"文件中有英文的 LOGO 解散全部组合，选择"SUN"复制粘贴到"B3 户型"文件。调整其大小，填充 20% 黑；选择【透明度工具】▨添加 60% 的标准透明，效果如图 10-220 所示。

步骤 06 绘制一个小矩形，填充青色，然后选择【透明度工具】▨为其添加一个线性渐变透明，效果如图 10-221 所示。

图 10-220 将抬头做出远近层次

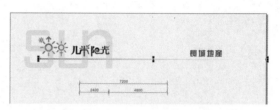

图 10-221 添加矩形并做线性透明

步骤 07 创建介绍文字。按【F8】键输入"B3"，字体为 Arial，大小为 48pt，颜色为 C45M50Y60K0；输入"浪漫温馨"，字体为黑体，大小为 18pt，黑色；输入"2 室 2 厅双阳台"，字体为黑体，大小为 12pt，黑色，效果如图 10-222 所示。

步骤 08 按【F8】键拖鼠标左键创建段落文本，字体为黑体，大小为 10pt，拖动下边的拉杆将行间距略微调大，如图 10-223 所示。

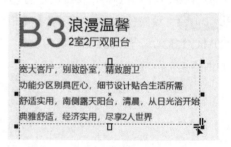

图 10-222 创建并编辑小标题

图 10-223 创建并编辑正文

步骤 09 制作随文图。绘制一个正圆，设置宽度为 50mm。选择【颜色滴管工具】✐，在"B3"文字上单击，再移动到正圆上，当光标变成颜料桶下空心矩形▙时单击鼠标，描边色填充完成，如图 10-224 所示。按【空格】键切换到【选择工具】▶选择正圆，按【Ctrl+X】快捷键将其放到剪贴板里，然后按【F8】键切换到【文字工具】字，将光标定位到段落文字第一行按【Ctrl+V】快捷键粘贴，效果如图 10-225 所示。

图 10-224 设置描边色

图 10-225 插入随文图片

步骤 10 按两次【空格】键调整距离，再将随文图与空格复制粘贴到其他 3 行，效果如图 10-226 所示。

步骤 11 添加其他附文。创建文字两行黑体文字："产权面积 83.4m^2""广告所示户型图和位置分布仅作参考，最终结果以政府批准的相关法律文件及双方合同约定为准。"。前者字号为 10pt，后者 6pt，效果如图 10-227 所示。

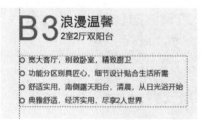

图 10-226 随文图效果

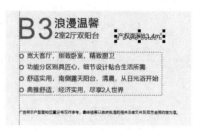

图 10-227 添加附文

步骤 12 观看最终效果。打开"素材文件\第 10 章\楼盘 .cdr"文件，将其复制粘贴到户型页文件，放于右下角。按【F4】键最大化显示对象，再按【F9】键全屏预览效果，如图 10-228 所示。

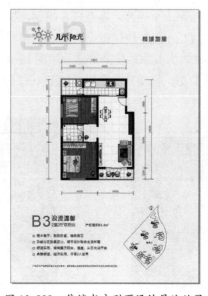

图 10-228 售楼书户型页设计最终效果

10.6 薯片包装装潢设计

薯片属于快消食品，在袋装上一般采用性价比较高的 BOPP 膜，这里就以这种材料包装为例设计一个包装。

10.6.1 展开图设计

BOPP 膜广泛应用于饼干、方便面、膨化食品等包装，其材料利用率几乎达到 100%，结构很简单，就是经过纵横两次热封成型，展开后即是一张矩形的膜。

步骤 01 新建一个 A3 横向的文件，如图 10-229 所示。绘制一个 180mm×240mm 的矩形，填充绿色（#64AF60），如图 10-230 所示。

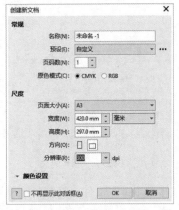

图 10-229　新建文件

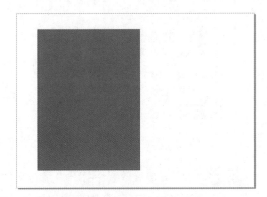

图 10-230　绘制矩形

步骤 02 绘制装饰底图。绘制一个矩形，填充任意颜色，按【Ctrl+Q】快捷键将其转曲，按【F10】键切换到形状工具，按【Ctrl+A】快捷键全选节点，按两次小键盘上的【+】键或两次单击选项栏上的【添加节点】按钮，为其添加中分节点，如图 10-231 所示。

步骤 03 选择【变形工具】，拖动使其变形，如图 10-232 所示。

图 10-231　添加两次中分节点

图 10-232　推拉变形

步骤 04　用【阴影工具】█在图形上拖出阴影，在选项栏上设置颜色为白色，不透明度为 75%，合并模式为"常规"，如图 10-233 所示。按【Ctrl+K】快捷键拆分阴影，删除原对象，效果如图 10-234 所示。

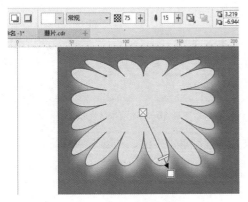

图 10-233　编辑阴影

图 10-234　删除原对象

步骤 05　文字设计。输入文字"奇多脆"，字体为"方正综艺体"，大小为 72pt，如图 10-235 所示。按【Ctrl+K】快捷键将其拆分，然后逐个拉近距离并微调位置，如图 10-236 所示。

图 10-235　输入文字

图 10-236　微调文字位置

步骤 06　选择三个文字按【Ctrl+Q】快捷键将其转曲，再单击选项栏上的【焊接】按钮█将其焊接为一个对象。按【G】快捷键拖动填充从黄色到橘黄色的渐变，如图 10-237 所示。

步骤 07　选择【轮廓图工具】█，朝外拖动，在选项栏设置【步长】为 1，【轮廓偏移】为 3.5mm，填充色为青、黑色，如图 10-238 所示。

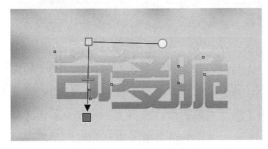

图 10-237　填充渐变

图 10-238　调整轮廓图参数

步骤 08 输入如图 10-239 所示拼音，字体为 Exotc350，大小为 24pt。填充为白色，用【块阴影工具】✎拖动做出 10-240 所示效果。

图 10-239 创建拼音文字

图 10-240 添加块阴影

步骤 09 选择中文文字拖动对角定界框略微放大，再次单击中文，拖动右中双箭头，再拖动下中双箭头将文字倾斜以求动感效果，如图 10-241 所示。用同样的方法处理拼音文字，效果如图 10-242 所示。

图 10-241 倾斜文字

图 10-242 倾斜文字效果

步骤 10 创建单行文字"馬鈴薯片"，字体为方正胖娃繁体，字体大小为 24pt，填充黄色，按前面的方法倾斜，如图 10-243 所示。选择【块阴影工具】✎拖出阴影，在选项栏上将颜色改为红色，如图 10-244 所示。

图 10-243 创建单行文字

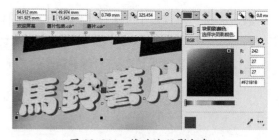

图 10-244 修改块阴影颜色

步骤 11 创建变形文字。绘制一个矩形并移动，按住左键的同时单击右键，复制两个矩形，如图 10-245 所示。选择下面两个矩形，单击选项栏上的【移除前面对象】按钮▢，修剪效果如图 10-246 所示。将矩形转曲，然后按【F10】键切换到【形状工具】↖，选择上下线条，单击【转换为曲线】按钮↖，将图形调整为如图 10-247 所示的效果。然后将两个图形填充为红色，右击调色盘上边的▢，去掉边框。

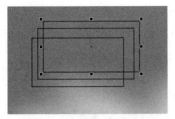
图 10-245　复制矩形

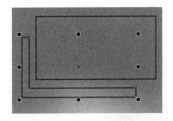
图 10-246　修剪矩形

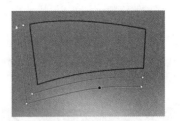
图 10-247　调整形状

步骤 12　创建单行文字"黄瓜味"，字体为方正胖娃繁体，大小为 24pt，填充黄色，然后选择【封套工具】，单击选项栏的【创建封套自】按钮，将箭头单击矩形，如图 10-248 所示。此时封套已加到文字上，将文字移动到红色图形内即可，如图 10-249 所示。

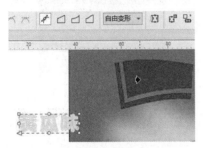
图 10-248　创建封套

图 10-249　封套文字效果

温馨
提示

若有封套轮廓而文字并未变形，只需任选一个封套节点略微拖动一下即可。

步骤 13　加入素材。按【Ctrl+I】快捷键导入"素材文件\第 10 章\土豆.psd"和"素材文件\第 10 章\土豆片.psd"，调整大小和位置，如图 10-250 所示。再输入包装规格并微调，效果如图 10-251 所示。

图 10-250　导入素材并调整

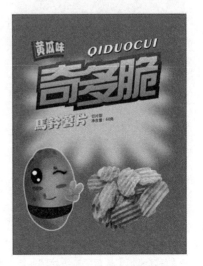
图 10-251　包装正面效果

步骤 14 绘制背面。选择大矩形拖动复制，将宽度改为 100mm，再复制一个，贴齐对象放于正面两边，如图 10-252 所示，然后将矩形去边。选择品牌文字"奇多脆"，按【Ctrl+K】快捷键拆分，将正面文字除规格文字外选择，复制粘贴到右上并缩小，效果如图 10-253 所示。

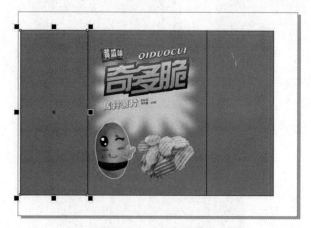

图 10-252 绘制矩形

图 10-253 复制主要文字

步骤 15 打开"素材文件\第 10 章\背面文字 .txt"复制产品信息，用【文本工具】字在右边创建一个文本框，粘贴产品信息，在选项栏设置字体为黑体，大小为 10pt，如图 10-254 所示。再在左边粘贴其他信息，将卡通土豆复制到左上方并缩小，如图 10-255 所示。

图 10-254 添加产品信息 1

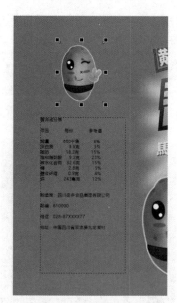

图 10-255 添加产品信息 2

温馨提示

文本框不会影响打印及输出，若是实在不想看到，可按【Ctrl+J】快捷键在【选项】→【CoreIDRAW】→【文本】→【段落文本】选项卡里去掉"显示文本框"的复选项。

步骤 16　插入条形码。执行【对象】→【插入】→【条形码】命令，在弹出的【条码向导】对话框里选择"EAN-13"行业标准，输入条码数字，如图 10-256 所示。单击两次【下一步】按钮，即生成了条形码，移到左下部，如图 10-257 所示。

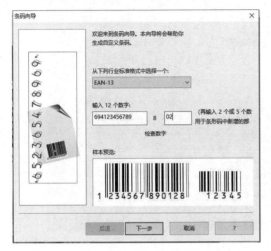

图 10-256　输入条码信息

图 10-257　放置条码

步骤 17　添加其他标识。打开"素材文件\第 10 章\包装标识 .cdr"，将"质量安全"标识复制粘贴到主文件，放置于条码旁，如图 10-258 所示。将"保持清洁"标识重新填充为白色，放置于展开图右侧。

步骤 18　插入二维码。执行【对象】→【插入】→【QR 码】命令，在弹出的【属性】泊坞窗里 URL 里填入网址"http://www.qicuiduo.com"，按【回车】键生成二维码，调整大小，放于"保持清洁"标识左侧并添加"扫码获得更多惊喜"文字，如图 10-259 所示。

图 10-258　加入其他标识

图 10-259　添加二维码

步骤 19　预览展开图效果。至此展开图设计绘制完成，按【F4】键最大化显示，按【F9】全屏预览，效果如图 10-260 所示。

图 10-260　展开图预览效果

10.6.2　效果图表现

三维效果图有很多种绘制方法，若是把握住光影与透视等要点，CorelDRAW 也能绘制。

步骤 01　组合正背面。框选正面拖动到一边，按住左键单击右键复制，框选两侧拖动复制并贴齐到一起，如图 10-261 所示。

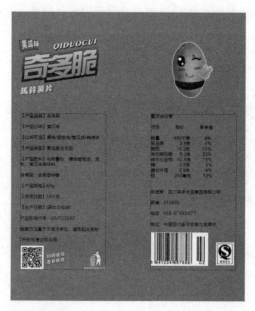

图 10-261　组合正背面

步骤02　绘制封口。从标尺上拖出封口线位置，选择矩形，按【Ctrl+Q】快捷键转曲，按【F10】键切换到【形状工具】，在封口线位置双击添加节点，如图 10-262 所示。框选左上两点往左拖动绘制充气拉伸效果，如图 10-263 所示。如法炮制四个角。

图 10-262　添加节点　　　　　　　　　　图 10-263　拖动节点

步骤03　绘制封口压痕。贴齐顶端节点绘制一个高度约 0.6mm 的矩形，如图 10-264 所示，使用【透明度工具】为其添加一个 50% 的均匀透明，拖动复制到下面辅助线处，用【调和工具】将两个压痕矩形调和，将【调和对象】改为 9，如图 10-265 所示。然后选择调和好的压痕复制到底部。

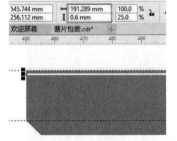

图 10-264　绘制压痕　　　　　　　　　　图 10-265　调和压痕

步骤04　绘制阴影。绘制一个如图 10-266 所示的图形并填充为任意色，然后用【阴影工具】拖出阴影。按【Ctrl+K】快捷键拆分阴影并删除图形，效果如图 10-267 所示。

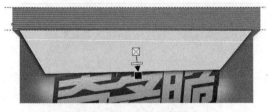

图 10-266　绘制阴影图形　　　　　　　　图 10-267　拆分阴影删除对象

步骤05　选择阴影，执行【位图】→【转换为位图】命令，如图 10-268 所示。添加渐变不透明，【合并模式】为"乘"，调整渐变起点和终点位置，效果如图 10-269 所示。选择阴影按【Ctrl】键往下拖动定界框上中点，按住鼠标左键不放再单击右键，将阴影镜像复制到底部。

图 10-268　将阴影转为位图

图 10-269　添加渐变不透明

步骤 06　绘制高光。用【贝塞尔工具】绘制高光形状并去边，如图 10-270 所示。使用【透明度工具】为其添加一个 50% 的均匀透明，如图 10-271 所示。将其镜像复制到右边，填充黑色，把【合并模式】改为"柔光"，如图 10-272 所示。

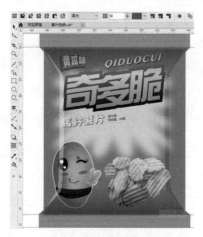

图 10-270　绘制高光形状　　图 10-271　添加均匀不透明　　　　图 10-272　绘制反光

步骤 07　绘制背面效果图。用前面的方法将背面两个矩形进行加节点处理，如图 10-273 所示。再将正面压痕复制到背面，另外再复制一个到中部，调整尺寸，如图 10-274 所示。

图 10-273　绘制背面形状　　　　　　图 10-274　复制压痕并调整

步骤 08 复制光影。将正面的光影加选，复制到背面并做调整，效果如图 10-275 所示。

步骤 09 绘制背景。用【矩形工具】绘制一个矩形，按【G】键拖动填充一个黑色到蓝色的线性渐变，如图 10-276 所示。

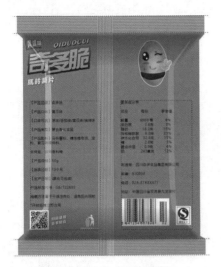

图 10-275 背面效果图

图 10-276 绘制背景

步骤 10 添加阴影。按【Shift】键加选绿色包装袋图形，用【阴影工具】拖出阴影，选择背景矩形按【Shift+F4】快捷键最大化显示，按【F9】全屏预览，薯片包装效果如图 10-277 所示。

图 10-277 薯片包装效果图

10.7 饮料包装装潢设计

饮料也属快消品，故大多数都采用经济实惠的塑料（如 PET）作为瓶身材料，然后再以收缩膜装潢。下面来尝试一个茶饮包装的装潢设计。

10.7.1 展开图设计

步骤 01 新建一个横向 A3 的文件，绘制一个宽 170mm、高 160mm 的矩形，按【G】键拖动填充一个从粉紫（#E37A89）到紫色（#673A63）的线性渐变填充，如图 10-278 所示。

步骤 02 在网页中搜索"在线艺术字生成"，选择一个网站打开，在【内容】中输入要转换的文字，字体选择毛笔招牌字体，其他设置如图 10-279 所示，然后单击【在线转换】按钮。

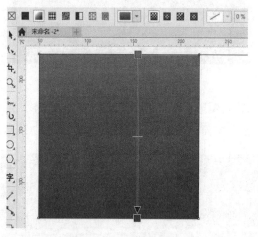

图 10-278 填充渐变

图 10-279 在线转换艺术字体

步骤 03 在生成的艺术字上右击，选择【复制图片】命令，如图 10-280 所示。切换到 CorelDRAW 中粘贴，在选项栏中【描摹位图】下拉菜单中选择【轮廓描摹】→【高质量图像】命令，如图 10-281 所示。

图 10-280 复制生成的艺术字图片

图 10-281 描摹位图

步骤 04　在弹出的对话框中如图 10-282 所示进行设置，按【OK】键确认。再按【Ctrl】键选择图中的白色图形，按【Del】键删除，如图 10-283 所示。

图 10-282　设置描摹参数

图 10-283　删除多余的图形

步骤 05　按【Ctrl+U】快捷键取消组合，分别框选三个字按【Ctrl+L】快捷键合并成独立的文字图形，如图 10-284 所示。将文字竖排，调整大小，填充白色，如图 10-285 所示，然后再框选三个字，按【Ctrl+L】快捷键合并成为一个对象。

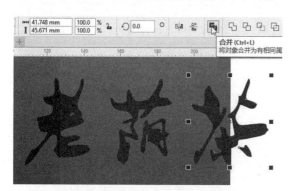

图 10-284　将每个字单独合并

图 10-285　调整文字图形

步骤 06　选择文字图形拖动任一对角点将适当等比缩小，使用【块阴影工具】，拖出块阴影，如图 10-286 所示。

步骤 07　在文字旁边绘制一个矩形，填充从（#7b5629）到（#BBA559）的渐变，如图 10-287 所示。再输入"解渴败火，凉血化食"八个字，竖排，选择一种书法体，大小 12pt，填充浅黄色（#FFF3C0），再为小矩形添加阴影，如图 10-288 所示。

图 10-286　添加块阴影　　　　　图 10-287　绘制矩形　　　　　图 10-288　添加广告词

步骤08　绘制茶杯图形。绘制一个椭圆，将轮廓加粗，按【F12】键，在【轮廓笔】对话框中勾选【随图像缩放】复选项，如图 10-289 所示。再绘制一个椭圆做茶船，用【3 点曲线工具】 按住左键在曲线起始点拖动，释放左键拖动确定方向和曲度，如图 10-290 所示。继续绘制两条如图 10-291 所示的 3 点曲线。

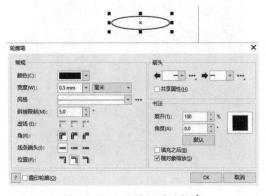

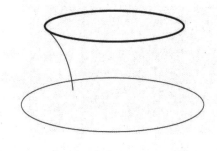

图 10-289　设置椭圆的轮廓　　　　　　　　图 10-290　绘制 3 点曲线

步骤09　选择茶船椭圆，按【Ctrl+Q】快捷键转曲，按【F10】键切换到【形状工具】，在如图 10-292 所示左右两边位置双击添加节点。

图 10-291　绘制其他 3 点曲线　　　　　　图 10-292　添加节点

步骤 10 选择新加的两个节点，单击选项栏上的【断开曲线】按钮，如图 10-293 所示；再按【Ctrl+K】快捷键拆分曲线，选择茶杯后的线删除，效果如图 10-294 所示。

图 10-293　断开曲线　　　　　　　　　　图 10-294　删除线段

步骤 11 按【I】键选择【艺术笔工具】，在选项栏中设置【笔触宽度】为 1，选择如图 10-295 所示的预设笔触。用【形状工具】选择茶船线，单击选项栏上的【反转方向】按钮，如图 10-296 所示。

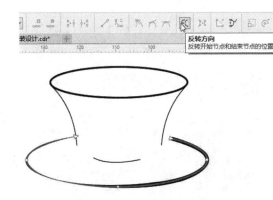

图 10-295　选择预设笔触　　　　　　　　图 10-296　反转起始方向

步骤 12 用同样的方法处理其他几条线，并微调【笔触宽度】和节点位置，效果如图 10-297 所示。用【贝塞尔工具】和【形状工具】绘制几片茶叶，如图 10-298 所示。

图 10-297　编辑其他预设笔触　　　　　　图 10-298　绘制茶叶图形

步骤 13 将有重叠部分的图形选中，单击选项栏【焊接】按钮，然后选择茶叶图形按

【Ctrl+L】快捷键合并，效果如图 10-299 所示。将杯口椭圆转曲，用【形状工具】 ，在与叶脉相交的地方加 4 个节点，然后框选这四个节点，单击选项栏【断开曲线】按钮 ，再用【形状工具】 选择叶脉之间的线段，按【DEL】键删除，如图 10-300 所示。

图 10-299 焊接图形　　　　　　　　　　　　　图 10-300 删除线段

步骤 14 选择整个茶杯填充白色描边白色，按【Ctrl+G】快捷键组合后放于产品名称下面，调整大小和位置，效果如图 10-301 所示。

步骤 15 导入标志。按【Ctrl+I】快捷键导入"素材文件 \ 第 10 章 \ 食品 logo.ai"，等比缩小放于图 10-302 所示位置。

图 10-301 调整茶杯图形大小位置　　　　　　　图 10-302 导入 LOGO

步骤 16 添加规格。在茶船图形下绘制一个矩形，按【G】键再按左键在矩形左右拖动填充渐变，将起点颜色改为（#FFF3C0），将终点颜色改为（#BBA559），如图 10-303 所示。再绘制一个矩形与之居中对齐，输入"净含量：500ML"填充褐色，在产品名称下部输入"红茶饮料"填充浅黄，如图 10-304 所示。

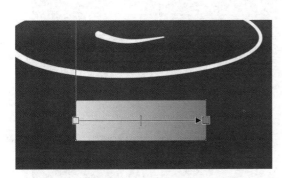 

图 10-303　填充渐变　　　　　　　　　　　　图 10-304　添加文字

步骤 17　将主体文字图形拖动复制，然后解组重新组合为横式，将公司标志复制到左边，如图 10-305 所示。

步骤 18　按【F8】键创建一个文本框，打开"素材文件 \ 第 10 章 \ 瓶标 .txt"，全选文字复制到文本框，设置字体为黑体，大小为 6pt，使用【选择工具】🖌️，拖动文本框右下的拉杆加大行间距，如图 10-306 所示。

步骤 19　加入标识。打开"素材文件 \ 第 10 章 \ 包装标识 .cdr"，将质量安全标识和保持清洁标志复制粘贴到文本框下面并填充为白色，如图 10-307 所示。

图 10-305　改为横式　　　　图 10-306　处理说明文本　　　　图 10-307　添加标志

步骤 20　添加条码。执行【对象】→【插入】→【条形码】命令，选择"EAN-13"，输入数字，直接单击两次【下一步】按钮即可插入条码，将其缩小放置到文本框下面，如图 10-308 所示。

步骤 21　将图文设计选中复制两份，瓶贴展开图设计绘制完成，按【F4】最大显示对象，按【F9】全屏预览，效果如图 10-309 所示。

图 10-308 插入条码

图 10-309 饮料瓶贴展开图设计效果

10.7.2 效果图表现

步骤 01 按【F6】键绘制一个矩形，按【Ctrl+Q】快捷键转曲，按【F10】键切换到【形状工具】，在瓶肩处双击添加节点，然后将左上节点往右拖动到瓶盖处，如图 10-310 所示。

步骤 02 用【形状工具】选择瓶肩线，单击选项栏【转为曲线】图标将其转为曲线，然后按住左键拖出一定弧度，如图 10-311 所示。在瓶肩转折点下双击添加一个节点往左拖动，将线段转为曲线，选择中间的节点，单击选项栏【对称节点】图标将其转为对称平滑节点，调整控制点，效果如图 10-312 所示。

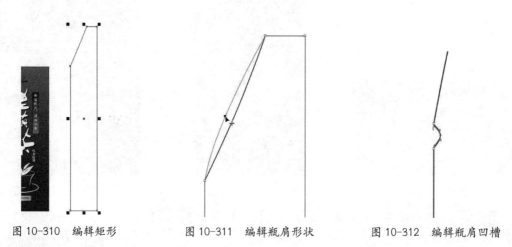

图 10-310 编辑矩形　　　　图 10-311 编辑瓶肩形状　　　　图 10-312 编辑瓶肩凹槽

步骤 03 在瓶腰处绘制一个小圆，如图 10-313 所示，然后按【Shift】键加选瓶身，单击选项栏【移除前面对象】按钮修剪出凹槽。再用处理瓶肩的方法将瓶底处理成如图 10-314 所示的形状。

步骤 04 按【空格】键切换到【选择工具】 ，按住【Ctrl】键拖动左中定界点，在按住左键的同时单击鼠标右键镜像复制图形，然后选择两个图形，单击选项栏上的【焊接】按钮 ，瓶子的雏形就绘制出来了，如图 10-315 所示

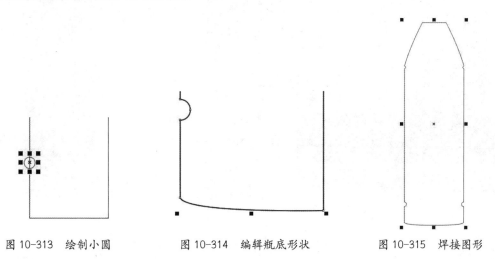

图 10-313　绘制小圆　　　　　图 10-314　编辑瓶底形状　　　　　图 10-315　焊接图形

步骤 05 框选展开图所有对象按【Ctrl+G】快捷键组合，然后拖动复制一个。在复制的对象上单击鼠标右键，选择【Power Clip 内部】命令，如图 10-316 所示，然后以出现的 单击瓶子轮廓，效果如图 10-317 所示。按住【Ctrl】键单击瓶子轮廓调整展开图位置，如图 10-318 所示。

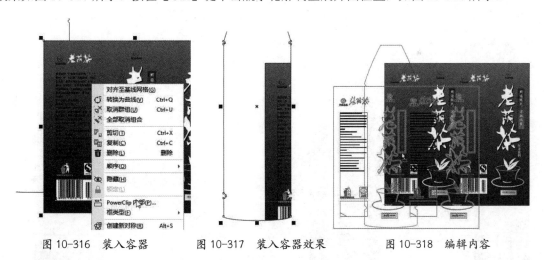

图 10-316　装入容器　　　　　图 10-317　装入容器效果　　　　　图 10-318　编辑内容

步骤 06 调整好后单击左上角【完成】按钮，如图 10-319 所示。选择瓶子图形，填充茶水颜色（#DA6606），如图 10-319 所示。

步骤 07 绘制一个矩形转曲，按【F10】键转换为【形状工具】 ，在瓶肩与瓶身交界处双击添加节点，然后将上部的两点朝中间移动为如图 10-321 所示的效果。

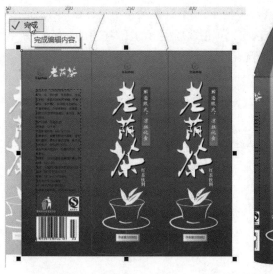

图 10-319　完成编辑内容　　　　图 10-320　填充茶水颜色　　　　图 10-321　编辑矩形

步骤 08　将编辑后的矩形填充为任意颜色，用【阴影工具】▢拖出阴影，在选项栏将【阴影颜色】改为白色，【不透明】改为 75，【羽化】改为 5，如图 10-322 所示。然后执行【对象】→【拆分墨滴阴影】命令，用【选择工具】▶选择原图形按【DEL】键删除，效果如图 10-323 所示。

步骤 09　选择白色阴影，执行【位图】→【转换为位图】命令，如图 10-324 所示设置将其转换为位图。使用【透明度工具】▨，按住鼠标左键从阴影的顶部拖到底部，如图 10-325 所示。

图 10-322　编辑阴影　　　图 10-323　删除阴影原对象　　　图 10-324　转换为位图　　　图 10-325　添加线性透明

步骤 10　切换到【矩形工具】▢，在瓶腰处捕捉端点和中点绘制一个矩形，如图 10-326 所示。按【Shift】键加选瓶身单击选项栏上的【相交】按钮▣，选择刚绘制的小矩形删除，选择相交的图形单击鼠标右键选择【提取内容】命令，如图10-327所示。

图10-326 相交

图10-327 提取内容

步骤11 删除提取的内容，效果如图10-328所示。选择相交图形填充黑色，右击调色盘的【无色按钮】去掉边框，使用【透明度工具】添加均匀透明，将【透明度】改为70，如图10-329所示。

图10-328 删除提取内容

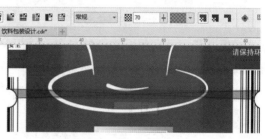

图10-329 添加透明度

步骤12 按住【Ctrl】键往下拖动上中定界点，按住左键的同时单击鼠标右键镜像复制图形，然后填充为白色，如图10-330所示。

步骤13 框选两个图形，执行【位图】→【转换为位图】命令，效果如图10-331所示。

图10-330 镜像复制填为白色

图10-331 转为位图

步骤14 在瓶子底部绘制一个矩形填充白色并去边，如图10-332所示。使用【透明度工具】添加渐变透明度，如图10-333所示。

图10-332 绘制白色矩形

图10-333 添加渐变透明

步骤15 单击选项栏右边的【编辑透明度】按钮，在弹出的对话框中双击添加一个色标，并将【透明度】设为0%，如图10-334所示；接着选择第三个色标，将透明度改为100%，然后单击【OK】按钮，效果如图10-335所示。

图 10-334　编辑透明度

图 10-335　编辑透明度效果

步骤 16 绘制瓶盖。用【形状工具】 ，绘制一个圆角矩形，如图 10-336 所示。按【F11】键编辑渐变。双击鼠标左键添加一个色标，将颜色改为白色，分别选择两边的色标改为 30% 的灰色，如图 10-337 所示，单击【OK】按钮，效果如图 10-338 所示。

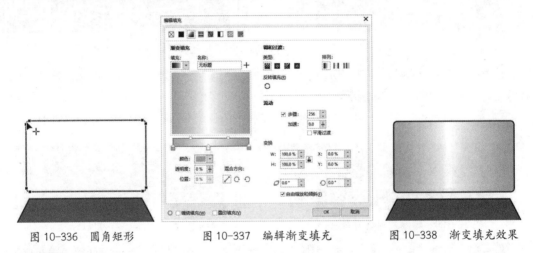

图 10-336　圆角矩形　　　　　图 10-337　编辑渐变填充　　　　　图 10-338　渐变填充效果

步骤 17 绘制瓶颈。在瓶肩与瓶盖处绘制一个小矩形填充茶水颜色并添加一个【均匀透明度】 ，然后将瓶盖瓶身瓶颈都去边，效果如图 10-339 所示。

步骤 18 绘制一个略宽于瓶盖的矩形，按【G】键从矩形左边拖动到右边填充渐变，两端填充 40% 灰中间填充 10% 灰，如图 10-340 所示。

步骤 19 按【F5】键切换到【手绘线工具】 ，捕捉端点绘制线段，在选项栏设置【轮廓宽度】 为 0.1mm，描边黑色；复制到瓶盖中点，设置【轮廓宽度】 为 0.2mm，描边 40% 灰色，如图 10-341 所示。

图 10-339　绘制瓶颈　　　　　图 10-340　绘制矩形　　　　　图 10-341　绘制两根线

步骤 20　选择【调和工具】，从细线拖到粗线，如图 10-342 所示。按【空格】键切换到【选择工具】，按住左中定界框往右拖动，按住左键的同时单击右键，镜像复制效果如图 10-343 所示。至此，饮料瓶正面效果图已经绘制完毕。

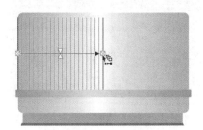

图 10-342　调和两条线　　　　　　　　　　图 10-343　镜像复制

步骤 21　绘制背面效果图。框选瓶子拖动复制一个，如图 10-344 所示，再按住【Ctrl】键编辑内容，将背面图形位置拖移到瓶子中间，如图 10-345 所示，右键选择【完成编辑 PowerClip】命令。至此，饮料包装装潢展开图及效果图设计绘制完成，按【F4】键最大显示，按【F9】键全屏预览，效果如图 10-346 所示。

图 10-344　复制饮料瓶　　　　　　　　　图 10-345　编辑 PowerClip

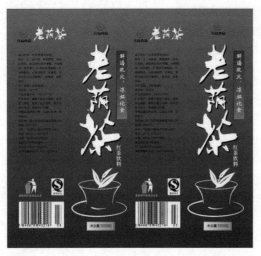

图 10-346　饮料包装装潢设计展开图及效果图

步骤 01　导入"素材文件\第 10 章\梨汁 .jpg"，复制瓶子效果图到新文件，在瓶子效果图
上右击选择【提取内容】命令，如图 10-347 所示，然后删除。

步骤 02　用鼠标拖动"梨汁 .jpg"到瓶子处，将新瓶贴装入容器。再单击鼠标右键选择【编
辑 PowerClip】将瓶贴位置调好，如图 10-348 所示，然后单击鼠标右键选择【完成编辑 PowerClip】。

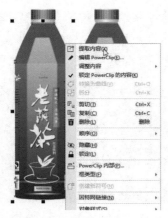

图 10-347　提取内容删除

图 10-348　装入新的内容并调整位置

步骤 03　用同样的方法处理背面，如图 10-349 所示，选择瓶子图形改变果汁的颜色，最终效果如图 10-350 所示。

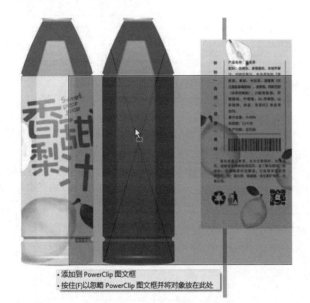

图 10-349　将瓶贴背面装入容器

图 10-350　样机应用效果

CorelDRAW
2020

1. CorelDRAW 工具快捷键

快捷键	工具或作用	快捷键	工具或作用
F5	手绘工具	F6	矩形工具
F7	椭圆形工具	F8	文本工具
F10	形状工具	Y	多边形工具
G	交互式填充工具	M	网状填充工具
X	橡皮擦	H	平移工具
D	图纸工具	Z	缩放工具
I	艺术笔工具	A	螺纹工具
Shift+S	智能绘图	S	Livesketch 工具
空格键	切换到挑选工具		

2. CorelDRAW 文件命令快捷键

快捷键	工具或作用	快捷键	工具或作用
Ctrl+N	新建文件	Ctrl+O	打开文件
Ctrl+S	保存文件	Ctrl+I	输入图像
Ctrl+E	输出图像	Ctrl+P	打印文件
Alt+F4	退出文件		

3. CorelDRAW 编辑命令快捷键

快捷键	工具或作用	快捷键	工具或作用
Ctrl+V	粘贴	Ctrl+ Shift+V	粘贴到视图
Ctrl+X	剪切	Ctrl+C	复制
Ctrl+Z	撤销	Ctrl+Shift+Z	重做
Ctrl+R	重复上一个动作	Ctrl+D	再制
Ctrl+F	查找替换	Delete	删除对象
Ctrl+A	选取所有对象		

4. CorelDRAW 查看命令快捷键

快捷键	工具或作用	快捷键	工具或作用
Z/F2/Ctrl++	放大（按 Shift 键，可切换成缩小工具）	F3/Ctrl+−	缩小（缩小到原来的一半）
F4	显示全部对象	Shift+F2	选定对象最大化显示
Shift+F4 ：	缩放到页面大小	F9	全屏预览
Alt+Shift+R	显隐标尺	Alt+Shift+A	对齐辅助线
Alt+Shift+D	显隐动态辅助线	Alt+Z	贴齐对象
Alt+Y	贴齐文档网格	Alt+Q	贴齐关闭

5. CorelDRAW 对象命令快捷键

快捷键	工具或作用	快捷键	工具或作用
T	上对齐	B	下对齐
R	右对齐	L	左对齐
E	上下居中对齐	C	左右居中对齐
P	页面中心对齐选定对象	Shift+T	顶分布
Shift+B	下分布	Shift+R	右分布
Shift+L	左分布	Shift+E	水平居中分布
Shift+C	垂直居中分布	Alt+S	创建对称
Alt+Ctrl+E	编辑对称	Alt+Shift+E	完成编辑对称
Alt+Shift+S	移除对称	Alt+X	断开对称链接
PgDn	显示多页面文件中的下一个页面	PgUp	显示多页面文件中的前一个页面
Ctrl+PgDn	移到相邻对象的下面	Ctrl+PgUp	移到相邻对象的上面
Shift +PgDn	到最后面	Shift +PgUp	到最前面
Ctrl+G	组合对象	Ctrl+U	解散组合对象
Ctrl+L	合并对象	Ctrl+K	拆分对象
Ctrl+Q	转换为曲线	Ctrl+Shift+Q	将轮廓转换为对象

6. CorelDRAW 开关泊坞窗快捷键

快捷键	工具或作用	快捷键	工具或作用
Alt+Enter	属性	Alt+F3	透镜
Alt+F7	移动变换	Alt+F8	旋转变换
Ctrl+F2	视图	Ctrl+F3	符号
Ctrl+F5	对象样式	Ctrl+F6	颜色样式
Ctrl+F7	封套	Ctrl+F9	轮廓图
Ctrl+F11	字形	Ctrl+Shift+A	对齐与分布
Ctrl+ Shift+D	步长和重复	Ctrl+T	文本
Alt+Shift+F11	脚本		

7. CorelDRAW 其他快捷键

快捷键	工具或作用	快捷键	工具或作用
F11	编辑渐变填充	Shift+F11	编辑均匀填充
F12	轮廓笔	Shift+F12	轮廓颜色
Ctrl+Shift+T	打开【编辑文本】对话框	Ctrl+F8	将美术文字转换成段落文字，反之亦然
Alt+F12	对齐至基线	Ctrl+J	打开【选项】对话框
Ctrl+W	刷新窗口	Ctrl+F4	关闭窗口

CorelDRAW
2020

为了强化学生的上机操作能力，专门安排了以下上机实训项目，教师可以根据教学进度与教学内容，合理安排学生上机训练操作的内容。

实训一 制作花纹插画

在 CorelDRAW 2020 中，制作如图 B-1 所示的"花纹插画"效果。

素材文件	无
结果文件	上机实训 \ 结果文件 \ 花纹插画 .cdr

图 B-1 花纹插画

在本例制作过程中需要使用贝塞尔工具、形状工具、渐变填充工具等基本工具。主要操作步骤如下。

（1）使用矩形工具绘制背景图形，填充为红色到深红的渐变色。

（2）使用钢笔工具绘制花纹，填充为渐变色。复制并旋转花纹，完成本例的制作。

实训二 制作 VI 封面效果

在 CorelDRAW 2020 中，制作如图 B-2 所示的"VI 封面"效果。

素材文件	上机实训 \ 素材文件 \VI 标志 .cdr
结果文件	上机实训 \ 结果文件 \VI 封面效果 .cdr

图 B-2 VI 封面

书籍正面效果，在制作过程中将使用填充工具、矩形工具、文本工具及导入命令等。主要操作步骤如下。

（1）使用矩形工具绘制 VI 的正面和书脊。导入标志，放于封面。

（2）使用文字工具输入标题、公司名称等。在书脊输入相同的内容，文字为竖向。

实训三　绘制蝗虫插画

在 CorelDRAW 2020 中，制作如图 B-3 所示的"蝗虫插画"效果。

素材文件	无
结果文件	上机实训 \ 结果文件 \ 蝗虫插画 .cdr

图 B-3　蝗虫插画

操作提示

蝗虫插画在制作过程中需要使用椭圆工具、贝塞尔工具、形状工具、填充工具、透明度工具等基本操作工具。主要操作步骤如下。

（1）使用钢笔工具绘制草丛，使用椭圆工具绘制落日，填充为渐变色。

（2）使用钢笔工具绘制蝗虫的身体，使用椭圆工具绘制眼睛，使用透明度工具制作蝗虫的立体效果。

实训四　绘制个性背包

在 CorelDRAW 2020 中，制作如图 B-4 所示的"个性背包"效果。

素材文件	无
结果文件	上机实训 \ 结果文件 \ 个性背包 .cdr

图 B-4　个性背包

操作提示

个性背包在制作过程中可以用到形状工具、贝塞尔工具、椭圆工具、文本工具、钢笔工具等基本工具。主要操作步骤如下。

（1）绘制猫的轮廓图形，填充图形颜色为黑色。

（2）绘制眼睛图形，填充颜色为橘红色并旋转一定的角度。复制眼睛图形，将其水平翻转。

（3）使用钢笔工具绘制胡须、脚和尾巴的线条。

（4）使用椭圆工具和矩形工具绘制鼻子和嘴。使用钢笔工具绘制绳子。

实训五　绘制标志

在 CorelDRAW 2020 中，制作如图 B-5 所示的"标志"效果。

素材文件	无
结果文件	上机实训 \ 结果文件 \ 标志 .cdr

图 B-5　标志

该标志主要是由基本图形和文字组成。主要操作步骤如下。

（1）使用钢笔工具绘制鲸鱼身体的形状，填充为浅蓝色，轮廓为深蓝色。

（2）使用钢笔工具绘制鲸鱼的嘴，填充为白色，轮廓为深蓝色。使用椭圆工具绘制眼睛。

（3）使用钢笔工具绘制文字，填充为蓝色和橘色。

实训六　绘制贺年卡

在 CorelDRAW 2020 中，制作如图 B-6 所示的"贺年卡"效果。

素材文件	上机实训 \ 贺卡素材 \ 贺年卡 .cdr
结果文件	上机实训 \ 结果文件 \ 贺年卡 .cdr

图 B-6　贺年卡

本例在制作过程中，需要使用钢笔工具、形状工具、填充工具、文本工具、透明度工具等基本操作工具。主要操作步骤如下。

（1）使用矩形工具绘制背景图形，填充为红色到深红的渐变色。绘制花纹图形，作为背景装饰。

（2）导入"贺卡素材"，使用 PowerClip 内部命令，放到贺卡的右方。

（3）绘制小圆，组成数字"2020"，旋转 90 度后放到贺卡的左方。最后输入文字，完成本例的制作。

实训七　绘制春天插画

在 CorelDRAW 2020 中，制作如图 B-7 所示的"春天插画"效果。

素材文件	无
结果文件	上机实训 \ 结果文件 \ 春天插画 .cdr

图 B-7 春天插画

操作提示

在本例制作过程中需要使用钢笔工具、渐变填充工具及修剪功能。主要操作步骤如下。

（1）使用矩形工具绘制背景图形，填充为白色到绿色的渐变色。

（2）绘制两个圆，使用修剪功能，得到圆环，填充圆环为渐变色。

（3）使用钢笔工具绘制花纹，使用形状工具修整形状，完成本例的制作。

实训八 制作会意文字

在 CorelDRAW 2020 中，制作如图 B-8 所示的"会意文字"效果。

素材文件	无
结果文件	上机实训 \ 结果文件 \ 会意文字 .cdr

图 B-8 会意文字

操作提示

会意文字在绘制过程中主要使用了贝塞尔工具、形状工具、填充工具等。主要操作步骤如下。

（1）使用钢笔工具绘制文字的形状，填充图形为红色。

（2）再使用钢笔工具绘制文字内部的图形，填充为橘色和黄色，将所有轮廓加粗，完成本例的制作。

实训九　制作图案文字

在 CorelDRAW 2020 中，制作如图 B-9 所示的"图案文字"效果。

素材文件	无
结果文件	上机实训 \ 结果文件 \ 图案文字 .cdr

图 B-9　图案文字

操作提示

图案文字在制作过程中主要使用了文本工具、PowerClip 内部命令等。主要操作步骤如下。

（1）按【F8】键，输入文字，设置合适的字体和字号。选中素材图片，按住鼠标右键移动素材图片直到出现瞄准器图标，松开鼠标，在弹出的对话框中选择"PowerClip 内部"命令即可。

（2）选中文字，右击鼠标，在弹出的对话框中选择"编辑 PowerClip"命令，将素材图片移动至文字的合适位置。

实训十　制作代金卡

在 CorelDRAW 2020 中，制作如图 B-10 所示的"代金卡"效果。

素材文件	上机实训 \ 素材文件 \ 童装标志 .cdr
结果文件	上机实训 \ 结果文件 \ 代金卡 .cdr

图 B-10　代金卡

操作提示

本例在制作过程中，需要使用贝塞尔工具、形状工具、填充工具、文本工具、网状填充工具、透明度工具等基本操作工具。主要操作步骤如下。

（1）使用矩形工具绘制背景，填充为渐变色。使用钢笔工具绘制星形的局部图形，复制几层，填充为不同的颜色。

（2）使用钢笔工具绘制图形，在其上面输入价格。使用文字工具输入文字，最后导入标志，完成本例的制作。

CorelDRAW
2020

附录C
知识与能力总复习（卷1）

（全卷：100分　答题时间：120分钟）

一、选择题：（每题1分，共35小题，共计35分）

得分	评卷人

1. 打开（　　）泊坞窗，在此面板中设置旋转角度后可以精确地移动、缩放对象。

A. 复制　　　　　　B. 造形　　　　　　C. 斜角　　　　　　D. 变换

2. 使用以下工具中的（　　）工具能绘制等腰梯形。

A. 基本形状　　　　B. 箭头形状　　　　C. 标题形状　　　　D. 标注形状

3. A4纸张的尺寸是（　　）。

A. 230*297mm　　　B. 235*290mm　　　C. 210*295mm　　　D. 210*297mm

4. 文本的形式有（　　）两种。

A. 段前文本和段后文本　　　　　　　　B. 美术字和正楷字

C. 段落文本和美术文本　　　　　　　　D. 标准文本和艺术字

5. 转为曲线的快捷键是（　　）。

A. Ctrl+H　　　　　B. Ctrl+G　　　　　C. Ctrl+Q　　　　　D. Alt+Q

6. 以下哪种情况需要"把节点转换为尖突"。

A. 为了使路径经过节点时尽量平滑　　　B. 为了同时操作多个节点

C. 为了让节点只有一端的形状被调整　　D. 为了让节点两端的形状被调整

7. 位图的分辨率越高，图形就越（　　）。

A. 颜色鲜亮　　　　B. 清晰度高　　　　C. 颜色灰暗　　　　D. 变得模糊

8. 鱼眼可以制作放大镜的效果，鱼眼属于（　　）工具。

A. 透镜　　　　　　B. 对齐与分布　　　C. 颜色模式　　　　D. 位图三维特效

9. 如果对绘制的图形形状不满意，可以使用（　　）修改。

A. 钢笔工具　　　　B. 形状工具　　　　C. 刻刀　　　　　　D. 艺术笔工具

10. CorelDRAW文件的后缀是（　　）。

A. cdr　　　　　　B. jpg　　　　　　　C. png　　　　　　　D. bmp

11. 形状泊坞窗可对对象的造形修改方式不包括（　　）。

A. 扭曲　　　　　　B. 焊接　　　　　　C. 修剪　　　　　　D. 相交

12. 按【Ctrl+Pgup】键可以直接将选中的对象（　　）。

A. 向下移一层　　　B. 向上移一层　　　C. 移到图层的顶部　　D. 移到对象的上面一层

13. 将多个对象的奇数重叠区域镂空的命令是（　　）。

A. 焊接　　　　　　B. 修剪　　　　　　C. 相交　　　　　　D. 合并

14. "透明度工具"的透明类型、使用方法与（　　）工具基本相同。

A. 调和工具　　　　B. 变形工具　　　　C. 封套工具　　　　D. 交互式填充工具

15. 使用形状工具调整（　　）时，调整一条边的形状，其他边会随之改变。

A. 星形 　　　　 B. 多边形 　　　　 C. 椭圆 　　　　 D. 矩形

16. （　　）模式常用于图像打印输出与印刷。

A. CMYK 　　　　 B. RGB 　　　　 C. HSB 　　　　 D. Lab

17. 使用（　　）工具可以对文字和对象添加多层轮廓。

A. 调和 　　　　 B. 轮廓图 　　　　 C. 立体化 　　　　 D. 变形

18. 放大后图像会失真的图像格式是（　　）。

A. 矢量图形 　　　　 B. 位图图像 　　　　 C. 两者皆会 　　　　 D. 两者皆不会

19. 让多个物体左右居中按（　　）键。

A. L 　　　　 B. B 　　　　 C. C 　　　　 D. E

20. 在 CorelDRAW 中，切换到艺术笔工具是按（　　）键

A. I 　　　　 B. B 　　　　 C. F5 　　　　 D. x

21. 对段落文本使用封套，结果是（　　）。

A. 段落文本转为美工文本 　　　　 B. 文本转为曲线

C. 文本框形状改变 　　　　 D. 没作用

22. CorelDRAW 中能进行调和的对象有（　　）。

A. 群组对象 　　　 B. 艺术笔对象 　　　 C. 网状填充对象 　　　 D. 位图

23. 下面关于阴影工具说法不正确的是（　　）。

A. 可以改变阴影颜色 　　　　 B. 可以改变阴影羽化效果

C. 可以任意改变阴影形状 　　　　 D. 可以将阴影与对象分离

24. CorelDRAW 中的节点有（　　）种？

A. 1 　　　　 B. 2 　　　　 C. 3 　　　　 D. 4

25. 在 CorelDRAW 中将段落文字与美术文字互相转换的快捷键是（　　）

A. Ctrl+F8 　　　 B. F8 　　　 C. Shift +F8 　　　 D. Alt +F8

26. 在 CorelDRAW 中拆分的快捷键是（　　）

A. Ctrl+L 　　　 B. Ctrl+G 　　　 C. Ctrl+U 　　　 D. Ctrl+K

27. 在 CorelDRAW 中切换到形状工具的快捷键是（　　）

A. F12 　　　　 B. F11 　　　　 C. F10 　　　　 D. F9

28. 在 CorelDRAW 中将轮廓转换为对象的快捷键是（　　）

A. Ctrl+Q 　　 B. Shift +Ctrl+Q 　　 C. Alt+Q 　　 D. Alt+Shift +Ctrl+Q

29. CorelDraw 是（　　）Corel 公司出品的。

A. 美国 　　　　 B. 韩国 　　　　 C. 加拿大 　　　　 D. 德国

30. 在 CorelDRAW 2020 中，下列哪个不能编辑 PowerClip 内部？（　　）

A. 按 Ctrl 键单击对象 　　　　 B. 直接双击对象

C. 在对象上右击选择 "编辑 PowerClip" 　　　 D. 直接单击对象

31. 在 CorelDRAW 中，调出选项设置对话框的快捷键是（　　　　）

A. Ctrl+K　　　　　　B. Ctrl+J　　　　　　C. Ctrl+Q　　　　　　D. Ctrl+W

32. 在 CorelDRAW 中，调出图纸工具的快捷键是（　　　　）

A. A　　　　　　　　B. Y　　　　　　　　C. D　　　　　　　　D. H

33. 在 CorelDRAW 中如何复制对象属性？　　　　　　　　　　（　　　　）

A. 拖动鼠标左键到对象上然后在弹出的菜单中选择"复制所有属性"命令

B. 拖动鼠标右键到对象上然后在弹出的菜单中选择"复制所有属性"命令

C. 拖动鼠标中轮到对象上然后在弹出的菜单中选择"复制所有属性"命令

D. 同时拖动左右键到对象上然后在弹出的菜单中选择"复制所有属性"命令

34. 在 CorelDRAW 中要给文字多重描边，最好用（　　　　）工具

A. 混合　　　　　　B. 轮廓　　　　　　C. 变形　　　　　　D. 封套

35. 在 CorelDRAW 中，能将位图转为矢量图的是（　　　　）命令

A. 编辑位图　　　　B. 重取样位图　　　　C. 裁剪位图　　　　D. 描摹位图

二、填空题：（每空 1 分，共 16 小题，共计 30 分）

得分	评卷人

1. 使用阴影工具拖出对象的阴影后，可以执行 ＿＿＿＿＿＿ 命令将对象和阴影拆分。

2. 绘制一个正圆形或正方形时，需要按住 ＿＿＿＿＿＿ 键，以起点为中心点绘制图形需要按住 ＿＿＿＿＿＿ 键。

3. 执行 ＿＿＿＿＿＿ 命令可以精确地旋转复制对象，其快捷键为 ＿＿＿＿＿＿。

4. 在 CorelDRAW 中导入文件的快捷键是 ＿＿＿＿＿＿＿＿＿，导出文件的快捷键是 ＿＿＿＿＿＿＿＿。

5. 打开透镜泊坞窗的快捷键是 ＿＿＿＿＿＿＿＿。

6. 螺纹工具分为 ＿＿＿＿＿＿＿ 和 ＿＿＿＿＿＿＿ 两种类型，其中螺纹的回圈之间间距不相等是的 ＿＿＿＿＿＿＿。

7. 执行 ＿＿＿＿＿＿＿＿ 命令可以将视图模式显示为线框。

8. 变形工具有 ＿＿＿＿＿＿＿、＿＿＿＿＿＿＿、＿＿＿＿＿＿ 三种形式。

9. 全屏预览的快捷键是 ＿＿＿＿＿＿＿＿。

10. 选中形状工具，按住 ＿＿＿＿＿＿＿＿ 键加选节点，再单击工具选项栏中的 ＿＿＿＿＿＿＿＿ 按钮可以使选中的节点在水平线上的相反方向运动。

11. 将个别对象最大化显示的快捷键是 ＿＿＿＿＿＿＿＿，按页面最大化显示的快捷键是 ＿＿＿＿＿。

12. 出血一般是 ＿＿＿＿＿＿＿＿ 毫米。

13. 节点的三种形式是 ＿＿＿＿＿＿＿＿、＿＿＿＿＿＿＿＿、＿＿＿＿＿＿＿＿。

14. 若调色板被关闭，执行 ＿＿＿＿＿＿＿＿ 命令可以将其打开。

15. 在 CMYK 模式中，C、M、Y、K 分别代表 ＿＿＿、＿＿＿、＿＿＿、＿＿＿ 四种颜色。

16. CorelDRAW 2020 中，插入条码或者二维码的命令是在 _____ 菜单下。

三、判断题：（每题 1 分，共 20 小题，共计 20 分）

得分	评卷人

1. CorelDRAW 软件主要应用于修饰照片、平面动画设计等领域。　　　　　　（　　）

2. 在制作圆角矩形前应先将矩形图形转为曲线。　　　　　　　　　　　　（　　）

3. CorelDRAW 2020 中的图形使用虚拟段删除，即使不焊接为封闭图形也可以填色。（　　）

4. 矢量图是由高清像素构成的，放大后使用也不会模糊。　　　　　　　　（　　）

5. CorelDRAW 2020 块阴影被拆分后仍可修改颜色。　　　　　　　　　　（　　）

6. 按住 Shift 键的同时单击对象，可以加选其对象，再次按住 Shift 键的同时单击该对象则可减选。　　　　　　　　　　　　　　　　　　　　　　　　　　　　　　　　（　　）

7. 要设置虚线样式，可以按 F10 键打开【轮廓笔】对话框，在其对话框中选择虚线样式。

（　　）

8. 使用立体化工具可以为对象创建立体效果。　　　　　　　　　　　　　（　　）

9. 双击工具箱中的矩形工具按钮可以得到一个与页面相同大小的矩形。　　（　　）

10. 在 CorelDRAW 中可以直接打开照片文件。　　　　　　　　　　　　　（　　）

11. CorelDRAW 中低版本能打开高版本的文件。　　　　　　　　　　　　（　　）

12. 调和工具可以调和图形的颜色，但不能调和图形的形状。　　　　　　（　　）

13. 文字转换成曲线后，还可以进行文字内容、字体的修改。　　　　　　（　　）

14. "添加透视点"命令对矢量图和位图都起作用。　　　　　　　　　　　（　　）

15. 在 CorelDRAW 中不能自定义快捷键。　　　　　　　　　　　　　　　（　　）

16. 在 CorelDRAW 的绘图区都能绘图，但只有页面范围内才能打印印刷。　（　　）

17. 在 CorelDRAW 中能够标注直径或半径。　　　　　　　　　　　　　　（　　）

18. 文字没有显示完的段落文本也能转换为美术文本。　　　　　　　　　（　　）

19. 两个位图也能进行调和。　　　　　　　　　　　　　　　　　　　　（　　）

20. A4 幅面比 A5 小。　　　　　　　　　　　　　　　　　　　　　　　（　　）

四、简答题：（每题 5 分，共 3 小题，共计 15 分）

得分	评卷人

1. 在 CorelDRAW 中有几种矩形工具？如何精确绘制矩形？如何绘制与页面等大的矩形？

2. 简述变形工具的类型及使用？

3. 在 CorelDRAW 中如何让文字绕路径？